あたりまえという奇跡

岩手・岩泉ヨーグルト物語

山下欽也

装丁　齋藤知恵子
装画　原口祥絵

あたりまえと思っている
そのひとつひとつが
奇跡なのだと思います

目次

継 未来へのバトン

はじめに

岩泉に、桜が咲きはじめる5月。

朝晩はまだまだ冷え込むものの、日中は心地良く穏やかな風が流れます。

草木が芽吹いて、山々の緑が目にまぶしく映るこの季節になると、ふと、よみがえる記憶があります。

およそ2億8000万円の累積赤字をもつ岩泉乳業株式会社（現岩泉ホールディングス株式会社）の社長に就任したときのこと。連帯保証書に署名をし、判を押した、あのときの痺れるような感覚。

私、山下欽也が51歳を迎える、2009年（平成21年）のことです。

未来の見えない、言ってしまえば死に瀕した会社の社長に、どうして私が就任したのか。決して義務ではありませんでしたし、断ろうと思えば断ることもできました。妻や子どもたちは不安そうで、親戚縁者には猛反対されました。誰も、私が本気で受け入れるとは思ってもみなかったようです。

社長就任を受諾すると、友人からは頭がおかしくなったのかと心配され、以前勤めていた農業協同組合（JA）の元同僚たちに、奇異な眼を向けられることもありました。

それでもなんとか頑張って、就任3年目でわずかながらも黒字化に成功し、6年後には累積赤字はゼロに。

もちろん、順風満帆に進んだわけではありません。私の人生を試すかのようなさまざまな試練に見舞われましたが、2023（令和5）年の現在、アルミパウチに入った「岩泉ヨーグルト」をはじめとする、さまざまな商品を受け入れていただき、昨年は目標であった年間20億円の売り上げを達成し、グループ全体では約29・5億円もの売り上げを生み出すことができました。

岩泉乳業という会社の成り行きを創業から知る人たちは、口を揃えて
「奇跡が起きた」と言います。

「一体、何をしたんですか？」

「どんな魔法を使ったの？」

そんなとき私は、

「地道にやるべきことをやってきただけですよ」

そうお話しするようにしていますが、心の奥ではいつも思っています。


このことを誰よりも「奇跡」だと思っているのは、ほかならぬ私である、と。

やるべきことをやってきた、それだけは確かです。
できること、思いつく限りのことをひとつひとつ、根気良く続けてきました。
果たしてこれでいいのか、進むべき道は間違っていないのか、ときに失敗をして
頭を抱え、ときに落ち込んだりしながらも、とにかく必死に駆け抜けてきた。そ
れがいつの間にか、奇跡という軌跡を描いてくれた。

では、奇跡とは一体何なのか。偶然もたらされるラッキーでしょうか。それとも必然的に起こる事象なのでしょうか。

私は思います。自分のまわりにある、あらゆることが実はもう奇跡なのではないか、と。

あたりまえであると思っていたひとつひとつのことを、あたりまえではないと気がつけたときに、奇跡は起こるのかもしれません。

私にとってそれは、岩泉町の自然であり、乳を出してくれるホルスタインであり、乳牛の飼育をしている酪農家だったりします。岩泉町に暮らす町民のみなさま、そして会社を守ってくれている社員たちもまた、あたりまえではない奇跡的な存在です。

皮肉なことに、そうしたあたりまえに気がつけたのは、あたりまえが、あたりまえではなくなりそうになったときです。人間は失ってはじめて気がつくとはよく言ったものですが、幸いなことに、あたりまえを失う前に気がつけたことが、私にとっては奇跡であり、ここまで来ることのできた唯一の理由かもしれません。

おかげさまでアルミパウチ入りの「岩泉ヨーグルト」は２０２３年で発売から15周年、２０２４年は創業20年という節目になります。

新しい社員も増えました。最初は20名にも満たないほどの小さな会社だったのが、今ではホールディングスとなり、およそ３００名もの社員を抱えるまでになっています。

このあたりで一度、弊社が歩んできたこれまでのことを、じっくりと振り返ろうと思い立ちました。

岩手県の山奥にある〝岩泉〟という地域に、岩泉乳業株式会社が生まれた背景や、この町における意味を。会社の設立や存続に込められた、多くの方の並々ならぬ希望や喜び、ときに怒りや絶望があったことを。悩みながらも立ち止まることなく走り続けてきた中にある、いくつもの失敗と後悔、手探りの情熱や小さな勇気がもたらしたものを。

一口には語ることのできないこうしたものごとの流れの先に私たちがいるということを、決して忘れないように。

長いようで短く、苦しいようで幸せな歴史の中に、何か一つでも、みなさんがみなさんなりの奇跡を起こすためのヒントを見つけてもらえたら。

そんな思いを込めて、岩泉乳業が歩んできた決して穏やかではない道のりのこと、そして私自身のことを少しだけお話しさせていただこうと思います。

岩泉ホールディングス株式会社・初代　代表取締役

（旧岩泉乳業株式会社・五代目　代表取締役）

山下欽也

起　希望の光

岩泉町の悲願

「今日も良い天気だ」

私が出かけるのは、毎朝決まった時間。出張などがない限り、ＢＳ放送で7時30分から始まる朝ドラを見終わった後の、45分頃に出発するのが、社長に就任してからの習慣になっています。

玄関を出て、岩泉の清らかな空気をたっぷり吸い込み、車に乗り込むとスイッチオン。今日1日が始まります。

ここ岩泉町は、岩手県の中央部から東部に位置する下閉伊郡（しもへいぐん）にあります。

県庁所在地の盛岡からは車で約2時間、三陸鉄道の走る太平洋側の宮古市からは30分ほどかかるでしょうか。

岩泉〝町〟というと、田舎の小さなエリアを思い浮かべるかもしれませんが、なんと本州の町の中でもっとも広い面積を誇っているのが岩泉町です。総面積はおよそ993平方キロメートル。これは東京23区と横浜市を合わせた広さに匹敵します。住んでいると分からないものですが、こうやって言葉にしてみると、あまりの広さに驚きますね。

さらに驚くべきは、岩泉町の総面積の93％を占めているのが山林であるということです。つまり町のほとんどが森林や草生地。右を向いても、左を向いても山、山、そして山です。

岩泉を象徴する宇霊羅山（うれいらさん）の頂上から見ていただくとよく分かりますが、私たちの生活する場所は、山にすっぽりと包まれる盆地を中心とした、町のわずか7％（道路を含む）のみです。

人口はおよそ8000人（2023年10月現在）。圧倒的な自然の一部をお借りして、私たち人間は生活させてもらっている、という感じでしょうか。

おかげさまで、山の恵みがとても豊かです。

春はシドケやバッケ（蕗の薹）、コシアブラといった山菜の宝庫ですし、夏は畑わさび（わさびというと水場で生育する沢わさびを思い浮かべるかもしれませんが、岩泉では林中で栽培される畑わさびが主流）が全盛期を迎えます。小本川や摂待川など、岩泉を横断するいくつもの清流には鮎やヤマメがなめらかに泳ぎ出し、それを目的に全国各地から釣り人が訪れます。

秋は実りの季節。麓にある畑にはリンゴやブドウ、木々には柿や栗が豊かに実り、山中にはキノコが顔を出します。天然の舞茸や椎茸、しめじ、そしてキノコの王様、松茸まで。岩泉では、松茸は買うものではなくもらうもの。近所の方にお裾分けいただくことが多いという、なんともありがたい環境なのです。

そして何と言っても、岩泉は〝水の町〟。

山々に降り注いだ雨や雪が、土壌に染み込み、地下の石灰岩層を抜けていきます。長い年月をかけて、ゆっくり、じっくりと濾過されて湧き出た伏流水は、それはもう美味しい。まろやかで柔らかく、体にすっと沁み入るような味わいですし、カルシウムをはじめとする天然のミネラル成分をバランス良く、豊富に含んでいます。

日本三大鍾乳洞の一つ、国の天然記念物に指定されている「龍泉洞」は岩泉の見どころの一つですが、その奥深くに広がる地底湖の、青色に輝く、吸い込まれそうな透明度をご覧いただけたら、この町の水のほかにはない美しさを実感してもらえるのではないかと思います。


こんな圧倒的に自然優位な岩泉町において、古くから産業として根づいてきたのが酪農です。

そもそも岩手県は酪農が盛んなところですが、県内酪農の発祥地はここ岩泉。１８９５（明治28）年にホルスタイン種を導入したのが始まりで、それから約１３０年という長きにわたって酪農が行われてきました。

昔はこのあたりではどこの家庭にも牛がいたように思います。

昨今はあまり見かけることはなくなりましたが、子どもの頃は曲がり屋といって、母屋と牛舎が一体となったL字型の住宅をよく見かけました。

かくいう私の家にも昔は10頭ほど牛がいて、小学生のときには牛舎の掃除をしたり、干草を食べさせたり。可愛がっていた牛に元気がないと、心配で何度も牛舎を覗き込んだりしたものです。

牛は家族も同然。一農家あたりの飼養頭数はさほど多くはないものの、寝食を共にする家族のように牛の健康を守りながら酪農をやっていれば、十分に生活が成り立つような時代がありました。

でも。いつの頃からか、それだけでは立ちゆかなくなった。

昭和の後期には、牛乳の消費量は低迷し、乳価競争も激しくなり、平成になると、安価な乳製品が輸入されるなど、乳業市場はめまぐるしく変化しました。

酪農家にとっては厳しい時代。生乳の価格が低くなれば収入は当然ながら減少します。収入が減ってしまえば暮らしそのものが苦しくなることはもちろん、乳牛にかけられる経費も時間も見直さなければなりません。必然的に、乳牛の健康状態にも影響が出て、乳質（生乳の品質）が落ちることにもなりかねない。そして乳質が落ちればまた生乳の価格は低下して、ますます厳しい状態に陥ることに。最悪の場合、離農を余儀なくされることになるのです。

1957（昭和32）年には120軒ほどあった酪農家が、2004（平成16）年頃には半分ほどに減少。「このままではいけない……」

そんな切羽詰まった空気感が、町中に漂っていたように、その頃の私には思えました。

基幹産業に元気がなければ、町は疲弊します。町全体が疲弊して落ち込めば、その町に暮らす人々もまた疲弊して活気を失うことになる。活気のない町からは人が離れ、さらなる過疎化が進むことになるでしょう。実際問題、1990（平成2）年と比べると岩泉町の人口はすでに半分ほどに減っています（総務省「国勢調査」より）。子どもたちの数も減り、小学校や中学校の数は軒並み減少するばかり。

当然ながら、町も打開策を講じます。こうした悪循環を断ち切るためには――生乳をそのまま販売するのではなく、せっかく原料となる生乳（一次産業）があるのなら、それを地元で加工・製造（二次産業）して、自分たちで販売（三次産業）したほうがいいのではないか――六次産業化（一〔次〕×二〔次〕×三〔次〕＝六〔次〕）を図る声が上がります。

私自身、六次産業化には賛成でした。過疎化が進み、商店街にはシャッターを閉める店も増えてきた寂しい状況。この町が少しでも元気になるなら、そのほうがいいと思っていましたから。いえ、それしか方法はないとさえ考えていました。

これまでは、朝になると酪農家が乳を搾り、JAの集乳車が各農家を回って生乳を集め、コールドセンター（生乳を検査・貯乳する施設）へと運びます。それを大手乳業メーカーに販売し、乳価を受け取る、というのが岩泉における主な酪農の仕組みで、販売したらそれで終了。乳価以外の利益は何も生まれない状況です。

六次産業化が実現すれば、乳価による利益だけでなく、生乳を使った加工品の販売で得られる利益が生まれます。収益が伸びることはもちろん、雇用も増えて、町全体が活性化するでしょう。

酪農家のモチベーションも上がる。今までは搾った乳がどこで、どのように使われ、どんな製品になっているのかが分からない状態です。それって面白くもないし、何かをやってやろうという気力、想像力も起きませんよね。

でも六次産業化することで、自分たちが大切に育ててきた牛の乳が、自分たちの町で地元生まれの乳製品になるとしたらどうでしょう。これまで以上に誇りをもって、取り組んでいただけるようになるのではないでしょうか。


六次産業化は、いわば起爆剤のようなものです。

滞りがちだった基幹産業を刺激して新たな風を吹き込み、伝統ある酪農文化を守るための一つの引き金であり、岩泉町全体が元気に生き残っていくための秘策です。


目指したのは、名実ともに〝酪農の郷（さと）〟にすること。

岩泉乳業の設立は、岩泉が誇る酪農を最大限に生かしながら、岩泉の町を、人を、小さな社会を盛り上げていくための岩泉町の悲願です。明るい未来へとつなげるための希望の光だったのです。

されます。

2003(平成15)年のこと。町が主体となって会社設立のための協議会が発足

メンバーは岩泉の役場と、町内の酪農家の代表者3名、牛乳製造を行う乳業メーカー1社、牛乳の販売店2社、そして当時、農業協同組合(JA)に所属していた私も酪農担当として長い経験をもっていたので、これに参加することになりました。とはいえ、あくまでもJAの職員でしたから、主導的に動くというよりは裏方的にサポートをする、という立ち位置です。

そんな協議会での私の仕事はというと、町内にある酪農家さんを一軒一軒訪ね歩いて、六次産業化への賛同をいただくこと。JAという仕事柄、酪農家のみなさんとは顔見知り。適任であろうとその役目を担うことになりました。

一緒に取り組んだのは岩泉町役場農政課(現農林水産課)の佐々木忠明(ささきただあき)さん。彼は、新しい会社を国の補助事業として認めてもらうために、半年以上の歳月と労力を費やして事業計画書を練り上げてきた、いわば立役者です。

ちなみに当初の事業内容は「牛乳を主力商品とした乳製品の製造及び販売」。地元・岩泉産の生乳を原料に、牛乳やヨーグルト、アイスクリームといった乳製

品を製造・販売する乳業メーカーであるとともに、周辺地区の生乳を集積し、管理・出荷するコールドセンター機能をあわせもつ大規模なミルクプラントというのが、この会社に求められた役割でした。


「こんにちはー。山下です」

「おう、どうした?」

いつもと同じように酪農家を訪ねます。牛の調子はどうか、困ったことはないか。お子さんの近況やなんてことのない世間話をしながらも、今回は六次産業化について話をしなければいけませんから、心中はドキドキです。

「実は……」

まずは新しい会社をつくる必要性やメリットを説明。さらには1株5万円の出資(生乳の出荷量によって出資いただく株数は異なりますが)をお願いしなければなりませんでした。

「大丈夫なのか、その計画は」

「うちにはあんまり余裕がないから……」

新たな出資を伴うこの計画には、当然ながら慎重な姿勢を示す方や反対される方もいらっしゃいます。

私は酪農家の厳しい現実を知っていましたから、出資してもらうことに心苦しさを感じていましたが、町としては「出資することで自分の会社であるという意識をもって取り組んでほしい」という思いがありました。

確かに六次産業とは、一次産業に関わる人の協力があってこそできること。今までのように生乳を販売したら終わりというスタンスではなく、自分ごととして真剣に取り組んでいただくことが成功のカギであると考えるのも理解できます。

佐々木さんと私は、ときに酪農家の部会に顔を出し、ときに酒を酌み交わしながら、対話を重ねました。

酪農家の方々は不安だったでしょう。苦しい状況の中、それでもこの町を酪農の郷にできるなら、明るい未来がやってくるのなら……そんな、一縷（いちる）の望みを託すような切なる気持ちがあったと思います。

結果、52名が株主に名を連ねてくれることになったのです。

また協議会のメンバーの中には、牛乳を主力商品にするという事業内容に異を唱える方もいました。

岩泉で古くから「かねまた牛乳販売店」を営む八重樫恭生（やえがしやすお）さんです。正直でまっすぐ。歯に衣着せぬ物言いをする方で、どこか先を見通す目をおもちでした。ご自身の経験則からか、「今さら牛乳をつくってどうする。牛乳だけでは絶対に儲からない。勝負になんかならないよ」と大反対をされていました。

このことが後に大きな問題として会社を圧迫することになるのですが、当時は会社をつくることが先決であるという〝空気〟があり、そのことについては大多数の人が見て見ぬふりをしていたように思います。

反対する八重樫さんの説得にあたったのも、佐々木さんと私でした。

忘れもしない寒い冬の午後。八重樫さんの自宅を訪れました。私たちは居間に通され、コタツにあたりながら話し合いをしました。八重樫さんが「うん」と言ってくれなければ事は進まない状態でしたから、一生懸命に話を続け、最終的にはこちらの説得に「分かった」と賛同していただきました。

「ありがとうございます」

良かったと、ホッと胸をなで下ろし、出されたお茶を一口飲もうとしたとき、

「山下君」

名前を呼ばれて顔を上げると、まっすぐな目で八重樫さんはこちらを見てこう言いました。

「おまえさんだけは、最後まで残ってきちんと責任を取れよ」

「は、はい……」

はい、とは言ったものの、自分はまだJAの職員です。責任を取るもなにも、そんな立場にはありません。でも、そう思う一方で「見透かされている」と思う自分がいました。

詳しい話はまた後ほどいたしますが、そのときの私はそのままJAに残るか、これからスタートする新しい会社に移るのかを迷っている時期でした。家族のこともありますし、自分自身がどうしたいのか、判然としていなかった。でも少しだけ後者に傾きかけているといった心境でしたから、人の機微に敏感な八重樫さんは、そんな私の揺らぐ気持ちを感じ取っていたのかもしれません。本当のところは分かりませんが。

そして2004（平成16）年8月9日。

さまざまな問題をクリアして、遂に酪農家52名、岩泉町、岩泉宮古農業協同組合、既存の加工業者や販売関係者など株主58名、資本金3000万円で第三セクターとなる「岩泉乳業株式会社」が設立されました。

翌2005年末頃には、町内に建設していたミルクプラント（本社工場／同町乙茂字和乙茂8－1）が完成します。

「立派な建物だなあ」

はじめて工場を目にしたときにはあまりの大きさに驚きました。本社工場の敷地面積は約5000平方メートル。建物は鉄骨造りの2階建てで、延べ床面積は約2000平方メートル。北海道の牛舎によく見られるような2段勾配のギャンブレル屋根の建物です。

1回の稼働による生産能力は牛乳が10トン、ヨーグルトやアイスクリームなどの加工食品は3トン。建物や設備に充てられた総工費は約13億5700万円（うち6億8500万円を農水省が補助)。

岩手県内において、これほど大規模の六次産業化は珍しかったのでしょう。岩手日報でたびたび報じられましたし、朝日新聞や毎日新聞などの全国紙でも大きく取り上げられました。そのためか、社員募集をしたときは15名ほどの採用枠に120名もの応募がありましたから、改めてこの会社の注目度の高さを実感しました。

今思えば、町全体が浮き足立っていたのかもしれません。

役場も協議会メンバーも酪農家も、町民も。そして私自身も。みんなが明るい未来を想像し、期待に胸をふくらませ、岩泉乳業株式会社は華々しくスタートを切ったのです。これから暗く厳しい現実に直面するとも知らずに。

素人集団

初代社長に就任したのは協議会のメンバーであり、これまで町内と盛岡市で牛乳の製造・販売を行ってきた「のだて牛乳」の野舘泰喜さんです。

どこか都会的な雰囲気のある方で、積極性があって、知識も豊富。こういう方が町を引っ張っていくリーダーなのだろうと思わせる人物でした。協議会メンバーとして共に活動するうちに、この人と一緒に仕事ができたらきっと面白いだろうなと考えていましたから、野舘さんに「岩泉乳業に来ないか」と誘われたときは嬉しかったことを覚えています。

とはいえ、諸手を挙げて転職するというわけにもいきませんでした。

先にも申し上げたように私はＪＡで働く職員の一人です。当時は40代後半、50

人もの部下をもつセンター長を務めていました。それなりに責任のあるポジションでしたから、その安定した地位を捨ててまでやるべきことなのか。新しい環境の中で、一から仕事を覚えて働くことが体力的にも、精神的にも可能なのかとずいぶん悩みました。

その頃はちょうど、岩手にあるいくつかのＪＡが統合・合併して巨大化しはじめ、さまざまな改革に走った折。

酪農を含む農業従事者の生活を守り、向上させることがＪＡ本来の目的です。酪農家と一緒に汗をかいて、質の良い乳牛を育てて、高品質の生乳を生み出してもらう。そのことを全力でサポートすべきだと考えていました。にもかかわらず、当時のＪＡは利益・利潤を求める傾向が強くなっていました。金融や共済、保険の加入などに力を注ぐ傾向にあり、このことについて「おかしいんじゃないか」と上司ともめたことも多々あります。

とはいえ、私は一介のサラリーマンです。自分にも生活があったので、納得はできないものの辞められない、でも変わりゆく体制には疑問をもっているという葛藤がかなりありました。

それでも、酪農家を根本に据える六次産業にこそ、自分が本当に望む未来があるのではないか、やるべきことがあるのではないか。そう思ったのです。

こうして私は29年間務めたJAを退組し、岩泉乳業に入社することを決意。48歳のことでした。

創業メンバーは総勢17名。社長や私のほかに、10倍以上の競争率を勝ち抜いた、高学歴の優秀な人材が集まりました。

2006（平成18）年の1月3日。

正月も三が日の開けるのを待たずに、工場は操業を開始しました。その日の最高気温は1度ほど。例年より積雪は少なかったように思います。

まず取りかかったのは主力商品となる牛乳の製造です。

岩泉産の生乳を100%使用して、より生乳に近いコクや風味のある味わいを目指しました。そのため乳脂肪分3・8以上、タンパク質3・1以上といった高い乳成分に加え、細菌数の少ない高品質の生乳だけを厳選。殺菌方法についても、一般的には超高温短時間殺菌法（120〜130度で2秒殺菌する方法）をとりますが、これでは成分の熱変性を引き起こして、牛乳本来の風味が損なわれてしまうため、岩泉乳業では85度で15分殺菌する「高温保持殺菌法」、いわゆるパスチャライズ殺菌法を採用しました。

毎朝集められる搾りたての新鮮な生乳をその日のうちに製品化できることも、産地ならではの大きなメリットです。

創業時、私の肩書きは工場長でした。製品をつくること、そしてつくり手を育てることが私に課された仕事です。

社長である野舘さんは「のだて牛乳」を経営していたこともあり、牛乳製造の経験があります。それを手本にするだけでも良かったのですが、私としてはリアルな製造現場で基本を学びたい、その雰囲気を体験したいと思い、山形にある知り合いの乳業メーカーで1カ月ほど修業させてもらうことに。そして3カ月間ほどの研修期間を経て、先にお話ししたつくり方で自社ブランドの牛乳づくりを行うことになりました。

岩泉乳業としてはじめての商品「岩泉牛乳」はほどなく完成。地元での評判も上々の美味しさとなりました。他社の牛乳にもひけをとらない味わいの牛乳は、1本260円の少しだけ高級路線での販売予定です。

1月7日の朝日新聞の地域面では岩泉乳業が取り上げられ、野舘さんがインタビューで次のように語っていました。

「地元で愛されるのはもちろん、東京でも一番売れる牛乳にしたい」

もちろん私も気持ちは同じです。ほかのスタッフもみな、同様の意気込みで取り組んでいました。岩泉の生乳は美味しい。これをうまく加工した岩泉牛乳はきっと売れるはず。このまますべてがうまくいく……。

誰もがそう考えていました。真剣に、そして浅はかに。子どものように夢を見ていたのも束の間、ほどなくして一つの大きな問題が立ちはだかります。

ある日、営業から戻ってきた社員が肩を落としてポツリとこぼしました。

「牛乳を置いてくれるスーパーがありません」

そうなのです。牛乳をつくりはしたものの、それを販売してくれる場所がなかったのです。

決まっていたのは、野舘社長が経営していた「のだて牛乳」の既存の取引先だけです。盛岡と宮古、そして町内に数軒のみで、年間出荷量はわずか288トン程度でした。ミルクプラントの生産能力は日量で10トンですから、それだけでは到底利益につながるものではありません。

もちろん販路拡大については、創業以前から問題視されていました。

事業計画を立てる際、どれくらいの販売数が見込めるのか、具体的に数字を提示しなければなりませんから、役場が中心となって県内はもとより、東北地方から関東にあるスーパーを調べ、片っ端から電話をかけて調査したといいます。佐々木さんはバイヤーと直接話をするために月2回のペースで東京にも足を運んでいました。酪農家を連れていくこともあったし、私も一緒に回ったこともあります。その中で「ここは手応えがあった」「話していて感触の良かった」というスーパーを「未定ではあるが可能性のある主な販売先」としてリストアップし、そのスーパーの店舗数や棚の状況などから予想される販売数を、見込んでいったのです。

当然ながら目論み通りにいくわけはありません。

契約を交わしているわけでもない、ただの口約束ですから、いざ「岩泉牛乳ができました」と言っても、そう簡単に取り扱ってくれるわけもなく、ほとんどが門前払いだったのです。

世の中に牛乳が足りない状況であれば、少しは需要があったかもしれません。でも牛乳市場はすでに飽和状態にありました。大手はもちろん、酪農王国・岩手県にはすでに15社もの乳業メーカーがひしめき合っていましたから、いきなり〝ポッと出〟の新参者が「牛乳を売りたい」といってもなかなか取り合ってはもらえないのです。

無理に参入しようとすれば、値段だけの勝負になりかねない。あの頃は価格競争も激化していて130円、160円といった安価な牛乳も出回っていました。販売価格が260円する岩泉牛乳の入り込む余地などまったくなかったのです。

「牛乳では勝負にならないよ」

八重樫さんの、かつての言葉を思い出す。

甘かった。完全に甘すぎた。世間知らずもいいところです。小さな町中だけの話ならまだしも、県や全国という広くて大きな世界を渡り歩くための術も知恵も、人脈も何もない。営業やプロモーションについて分かる人材が、社内には誰もいませんでした。

当時はまだマーケティングのプロに頼るといった知識もありませんでしたから、イメージ戦略とは？　商品価値とは？　他社にはないオリジナリティとは？　など、世間に広めるためにはどうすればいいのかといったことがまったく分かっていませんでした。いくら高学歴の優秀な人材が集まっていたとしても、経験のない状態では即戦力になるはずもないのです。

町の期待を背負って華々しく出港した大きな船でしたが、その舵を取っているのは、完全なる素人集団。

それは私も同様です。乳製品の製造に関してまったくの素人だった私が、どうして工場長という役職に就任したのか。その理由は、社長の次に年齢が上だったから。ただそれだけのことなのですから。

無為に月日が過ぎていきました。

もちろん、ただ手をこまねいていたわけではありません。町や酪農家も協力して方々に営業をかけていましたが、これといって新しい突破口が見つかるわけもなく。打開策がないままに時間が過ぎ、資金だけが減っていく。

わずかながら契約を結んでくださるお客様もいましたから、工場は毎日稼働させます。ですが1トンの牛乳をつくるのも、10トンをつくるのも、工場の稼働にかかる費用はほぼ同じです。ただただ経費ばかりがかさむ日々が続きました。

2007（平成19）年度の経常損失は7936万円。繰越損失（赤字）は、この時点で1億9962万円となりました。

それでも町を挙げて取り組んだ事業です。なんとか存続させるために、町は2007年に8000万円、2008年には1億5000万円の融資を行うことを議会で可決します。当然ながら、それまで温かく見守ってきてくれた町民からも、税金投入に厳しい声が上がりました。

「このまま続けていても、損失を増やすだけだ」

「金をドブに捨てるようなもの」
「早くやめたほうが傷口は小さく済む」
「やめるなら、今ではないか」

新聞にも「税金投入　厳しい意見相次ぐ」「経営責任を問う声も」といった苦しい言葉が。役場で頑張ってくれていた佐々木さんは、「負の遺産をつくった張本人」であると後ろ指をさされたことがあると、言っていた。

創業から4年も経たぬ2008（平成20）年1月、これら一連の経営責任を取って野舘さんが辞任しました。私をこの会社に引っ張ってくれた人でしたから、胸中は穏やかではありません。

しかし、状況は変わらない。むしろ、どんどん傷は深くなっていく。

「どうなるんだろう……」

その後も2年間で、社長は三度も替わりました。

だからといって何かが変わるわけでもありません。社内の雰囲気は暗く、よどんだ空気が流れます。社長が次々と替わり、未来が何も見えない中で社員たちはどんなモチベーションで働けばいいのか分からなかったのでしょう。口数も少なく、心ここにあらずといった状態。口には出さないものの「この会社はもうだめだ」と思っていることが、手に取るように分かりました。

冷たい革の椅子

岩泉町の希望の光が、このまま何もせずに消えてしまうのか……そう思っていたとき、私のもとに町長から連絡が入りました。

「山下君、ちょっと町長室に来てくれないか」

会社から車で10分ほどの距離にある役場に向かう道中、私の頭の中には「どうしよう」という不安と困惑がぐるぐると回る。なぜなら、話の内容は予測ができていましたから。

「よく来たな」

笑顔で招き入れてくれた町長室には、町長と私の二人きり。私は革張りの椅子に腰掛けました。

太ももの裏側から冷たい感触が伝わってくる。

「もう、分かっていると思うけど」

やっぱり……。

「岩泉乳業の社長をやってくれないか」

すでに社長は4回交代しています。使えるコマはみんな使い果たした状態であり、年齢的にみても次は自分の番であることは分かっていました。後を継いでくれそうな人はほかには誰も見当たりません。

すぐに答えが出せる話ではなかった。

「少し時間をください」

そう言って、私は町長室を後にしました。

その時点で岩泉乳業の累積赤字は2億8000万円ありました。

100人いたら99人は、社長を引き受けることなどありえないと判断するような状況です。

「それが分かっているのなら、何を悩むことがあるの?」

妻は言いました。

「サラリーマンじゃだめなの?」

と。3人の子どもたちは不安そうでしたし、親戚縁者も「絶対にだめだ」「バカなことを考えるな」と大反対です。それは、そうです。2億8000万円もの累積赤字のある会社を引き受けるなどもってのほか。それに岩泉乳業という会社がこれからどうすればいいのか。何を目標にして、何を売りにすればいいのか。明るい未来へのイメージが見えない状態でしたから、勝算などまったくありません。そんな会社の社長になるなど、正気の沙汰ではありませんから。

ただ――。

私の頭に浮かんでいたのは、酪農家のみなさんの顔でした。

この町を酪農の郷にするために、岩泉乳業にかけてくれた彼らの想いを痛いほど知っています。六次産業化のために株主となり、経営の厳しい中で出資金を出してくれたことも分かっていました。自分たちと一緒に、町を盛り上げていきたいと語り合ったことも少なくはありません。そうした切なる想いの上に、岩泉乳業は成り立っている。

もし、私が社長になることを断ってしまったら、間違いなくこの会社は終わりを迎えることになるでしょう。みなさんの想いを実現できなくなってしまうことになる。

本当に、それでいいのだろうか——。

寝ても覚めても頭の中はそればかり。気分転換に大好きなバイクに乗ってツーリングに出かけても気は晴れません。盛岡に出て買い物をしても、面白いと評判の映画を見ても。何をしてもまったく楽しくありませんでした。それどころか、どんどん気持ちは落ち込んで、毎晩の酒量は増える一方です。

だからといって、俺に社長が務まるのか――。

酔っぱらった頭の中に、脈略のないさまざまな記憶がよみがえる。

小さい頃の夢は警察官。なぜかはよく覚えていないけど、悪いことをした人をこらしめる、いわゆる正義の味方に憧れをもっていた。その夢はどこへ消えたのか……ＪＡのみんなは元気でやっているかな……山の中にあった我が家にはいろいろな行商人が来たけれど、ブリキの飛行機や着せ替え人形をもってきてくれたおもちゃ屋がいたなあ……優しくて働き者の母は料理がとても得意だった。いろんな料理をつくってくれたけれど、俺が一番好きなのはセイダガレイ（学名はサメガレイ）の塩漬け。炭火でこんがりと焼いてくれたから、皮はパリッパリで、分厚い身はふっくらとジューシーで……あぁ、母さんのセイダガレイが食べたいなあ……。

そんなふうに、いくつもの記憶が浮かんでは消えていく……夜は、次第に更けていきました。

町長との面談から2カ月ほど経っていたでしょうか。鞄の中に常備していた胃薬がすっかり効かなくなった頃です。

ある朝、妙にすっきりとした気分で目が覚めました。いつものように顔を洗って身支度を整え、妻が食卓に用意してくれる白いご飯と納豆、具沢山の味噌汁という、お決まりの朝食をとっていました。

チュピピピピピ。モズの鳴き声に誘われて窓の外に目をやると、青く澄んだ空が広がっている。今日は快晴です。

やってみるか――。

何が決め手になったのか、それは自分でも分かりません。悩むことに疲れたというのが正直なところです。私の中に最後に残ったのはわずかな責任感と小さな勇気。協議会の頃から関わってきた身として、会社を見捨てるという選択肢を選ぶことがどうしてもできませんでした。

幸い3人の子どもたちはすでに独立していましたし、妻も働いていましたから路頭に迷うことはないだろう。自分一人くらいならなんとでもなるか、と。

社長に就任した私は、役場に行って資産証明書を取りました。それをもって会社がこれまで重ねてきた借金を請け負うための連帯保証書に判を押したのです。

このことは妻も知りません。もちろん親戚縁者も、協議会のメンバーも、社員たちも。ほとんど誰にも話すことなく決めました。反対されるに決まっていますし、余計な心配をかけることにもなる。

もう逃げも隠れもできません。

2009（平成21）年5月。岩泉に桜の花が咲き乱れる美しい季節に、私は腹をくくったのです。

木製のロボット

私が生まれ育ったのは、岩泉町の南東部に位置する有芸（うげい）という村です。岩泉の中でもとくに山奥にあることから〝岩泉の秘境〟と言われるほどの隠れ里で、岩泉乳業のある中心部からは車で30〜40分かかるでしょうか。メンヅクメ峠を越えてようやく辿り着くような奥深い山の中にありますから、岩泉に暮らす人でも「行ったことがない」という人のほうが圧倒的に多いと思います。

家は、摂待川のすぐ脇の集落にあります。集落といっても山下家を含めて向こう隣3軒のみの、小さな、小さな集落です。

岩泉の町に行くにはバスに乗らなければなりませんが、最寄りのバス停までは徒歩2時間（今では家の前まで町民バスが来ています）。海側にある田老町（たろうちょう）（現宮古市田老地区）

までは2時間半、摂待地区にも1時間半かかるなど、どこに行くにも数時間の道のりをひたすら歩かなければなりませんでした。

しかも、舗装されていない砂利道を行くのはまだいいほうで、山の中を分け入って、道なき道を歩くこともよくありました。小学生の頃は、父や母の姿を見失わないようにするのに必死で追いかけた。暗く湿った山の中を、ただ、ただ、必死に、黙々と歩きました。

山に遮られて電波が届かないことから家にはテレビもありません。聞こえてくるのは沢の音、鳥の声、木々の葉のこすれる森のざわめき。ちょっとそこまで買い物に、なんてことは到底できない環境でしたから、今思うと、有芸での暮らしは人間らしくもありながら、かなりの覚悟を要するものでした。

祖父と父は林業と炭焼きを生業にしていました。

炭焼きとは木炭をつくる仕事のこと。家のすぐ目の前にある山の上に炭窯を構えて、その周辺にある木々を切り出して1週間ほど燃やして木炭をつくります。その周辺の木々をある程度使ってしまうと、また別の場所に行って炭窯を構えるということを繰り返していました。

ほかにも家の2階では養蚕を、そして母屋の隣には畜舎があって10頭ほどの牛と共に暮らす酪農家でもありました。

私は、そんな山下家の長男です。3人兄弟の真ん中で、2歳上の姉と12歳下の弟がいます。

とにかく恥ずかしがり屋の引っ込み思案。人前で話をするのが大の苦手で、言いたいことも言えないような大人しい性格でした。母に言わせれば「手のかからない静かな子」だったそうです。

得意なことといえば、手を動かして何かものをつくること。ものをつくっているときだけは無心になれた。やすらいだ気持ちになれました。

山に落ちている木や枝、まつぼっくりをポケットいっぱいに拾ってきては、たとえば、友達とちゃんばらごっこをするときの刀をつくったり、忍者ごっこをするときの手裏剣にしたり。

中でも好んでつくっていたのは子どもの憧れ〝ロボット〟です。

おもちゃ屋の行商人が来たときに、母にせがんで買ってもらったブリキのロボットを手本にしながら、ロボットの構造を研究し、木を削って頭や胴体、腕、足といった部品をつくって組み立てる。それを何体も繰り返しつくっていると、次第に自分だけのオリジナルが欲しくなるもので、子どもながらに設計図を引いて、それに合わせて拾ってきた木をのこぎりで切ったり、なたで割ったり。カンナで削ってなめらかに整えて、組み立てたりしていました。

頭の中に理想的な完成形をイメージしながら、「下半身がしっかりしていないとロボットがしっかりと立たないな」「そうだ、頭にアンテナ装置をつけよう」「腕を可動式にするためにはどうすればいいんだろうな」……。

そんなことを考えながら、ひとつひとつの作業を黙々と続けている時間が、何より至福のときでした。

思春期を迎える頃の私は、そんな自然の中での暮らしに辟易(へきえき)していた。コンプレックスでした。

沢の音や鳥の声も、森のざわめきにも飽き飽きです。テレビを見たいし、思う存分にラジオも聞きたい（有芸では限られた局しか入りませんから）。もっと華やかで雑多な雰囲気を欲していました。どうして自分はこんな田舎にいるのだろう。どうして山下家はもっと賑やかな町の中で暮さないのか。不便な思いをしてまで、ここにいる必要なんてないんじゃないか。行くことのできる場所が限定されて、いろいろなことを我慢しなければならない生活が、嫌で嫌でたまらなかったのです。

もっと広い世界を見たかった。
もっと自由になりたかった。

山に囲まれて閉ざされたこの場所から抜け出して、果てしなく広がるであろう世界を自分の目で見てみたい。
だから、家から通うことのできない高校に進学したときは嬉しかった。有芸から出て岩泉で下宿生活をすることができましたから。バイクの免許も取った。これから俺は、いつでもどこにだって行ける。いろいろなことにチャレンジができるし、高校を卒業したら俺の人生はもっともっと開かれる。

そう思っていた16歳のとき。父が山の事故で亡くなりました。

突然のことでした。伐採した木の下敷きになり、そのまま帰らぬ人となったのです。亭主関白で厳格だった祖父に対して、父はとても優しい人でした。声を荒らげることもなく、いつもニコニコとして小さかった私を抱っこしてくれた。そんな父が亡くなった。もうあの笑顔を見ることも温もりを感じることもできない。


目の前が真っ暗になりました。

明るい未来への扉が閉ざされてしまったように感じました。姉はもう町外へ進学が決まっていたし、弟は私より12歳下で当時はまだ幼子。祖父ももう現役時のように動くことはできませんから、必然的に、我が家を経済的に支えるのは長男である私の使命となりました。もう、大学にも行っていられないし、県外に出ることは夢のまた、夢……。

これもまた運命だろうと受け入れて、私は前を向きました。

この地で暮らすなら酪農や農業について学んだほうが良いと思い、農業の専門学校に行きました。その後、家畜人工授精師の資格を取得。そして19歳でＪＡ岩泉町に入組し、安定したサラリーマンの世界へと身を置いたのです。

サラリーマン時代は忙しくも充実した日々でした。
26歳で結婚し、子どもも3人授かりました。幸せでした。40代になり、会社の在り方に不満をもっていたものの、安定したこの生活を変えることはないだろうと、心のどこかで思っていました。

このままいけば、あと10年あまりで定年退職を迎える。会社勤めを終えたら好きなバイクに乗って気ままにツーリングに出かけたり、友達と渓流釣りに行こうかな。妻と一緒に海外旅行に行くのもいいな。

子どもの頃にできなかった広い世界を見るために、いろんな場所に行き、いろいろなものを見て、食べて、飲んで。そんなふうにゆっくり余生を送ろうか。

そんなことを漠然と考えながら、穏やかな生活を送っていた私が、今。

安定を捨てて新しい会社へと転職したこともそうですが、さらに不安定極まりない状態で社長になろうとしているとは。有芸にいた頃の自分にはとても想像ができないことでしょう。

人生とは、本当に分からないもの。ままならないもの、と言ったほうが言い得ているかもしれません。

人生はままならない。それでも確かに、私の人生には果てしなく広い、未知なる世界への扉が開かれたのです。

承　社長の器

シフトチェンジ

なぜ、なんだ？

会社から車で家へと向かう帰り道。私は、やり場のない怒りのような気持ちを抑えることができなかった。

どうして……一緒に戦ってくれないんだ……。

3分の1の社員たちがごそっと辞めた。それも主要なポジションにいた7名が、退職届を出して、さっさと出ていってしまった。

先行きの見えない不安定な会社に見切りをつけたのでしょう。その気持ちは分からないではありません。それでもショックでした。やりきれなかった。

「やっぱり……社長は、俺じゃないほうが良かったんじゃないか……」

目の前には、荒涼とした大地が広がっているようでした。

モヤモヤとした気持ちは晴れないまま、新たな人材を確保するために新入社員の一般公募を開始しました。同時に、雇用形態も見直すことに。少人数で回している会社ですから、仕事の内容に大差はありません。にもかかわらず、正社員もいれば、臨時社員、パートもいるというように、雇用形態はなぜかバラバラ。工場長をしているとき、「どうして私はパートなのか？」「同じ仕事をしているのに給料が違う」といった不平不満を聞いていましたし、私自身も疑問に思っていたので、それならば。

「正社員になりたい人はいる？」

そう、みんなに聞いて回りました。そして希望した人は全員、正社員として雇用することにしたのです。

今にも潰れそうな会社ですから、人件費はなるべく抑えたい。それが組織を守るためのセオリーかもしれません。でも、私は良くも悪くも経営を学んだことがなかった。常識とされているような一般的なやり方は知らなかったのです。

〝この会社〟を存続させるためにはどうするべきか。そのときの私は、社員のモチベーションを上げること、そして、この会社にいたいと思わせる魅力をつくることが、何より大事であると、そう考えていました。

残ってくれたメンバーは本当に頑張り続けてくれました。

次の社員が入社するまでの3カ月間、人手は足りない状態です。3人に1人が辞めてしまったのに仕事量はそのままでしたから。中には、自宅から布団を持ち込んで宿直室に寝泊まりしながら働いてくれる人もいました。そのうちのお一人が保呂草久人（ほろくさひさと）さん。今でも工場長として、この会社を支えてくれています。


人材確保とともに、早急にやるべきことがもう一つありました。

それは会社の方向性を決めること。これまでのように牛乳だけに頼っていては戦えない。岩泉乳業が生き残るためには、別の物を主力にする必要がありました。

創業からの5年間。牛乳のほかに、コーヒー牛乳とヨーグルトの開発も行ってきました。

すぐに動かせる手持ちのコマはこの二つだけです。その中で、

「ヨーグルトに特化する」

私はそう判断しました。

牛乳に比べて利益率が高かったから。そして〝伸びしろ〟があったからです。当時の日本のヨーグルト消費量は、欧米の3分の1程度と言われていて、ライフスタイルの傾向や食の流行など、なにかと欧米化の進む日本なら、まだまだヨーグルトの需要は増えるだろうと考えたのです。

牛乳からヨーグルトにシフトチェンジすることを役員会で提案した際、反対する人は誰もいませんでした。ただ、ヨーグルトに力を入れたところで売れるかどうかはみな半信半疑だったかもしれません。それでも放っておけば後のない状況です。とりあえず何か手を打たなければならない。それなら……と、少しだけ諦めを含んだ空気が、このとき役員の間には漂っていたように思います。

もしかしたら失敗するかもしれない。これで本当に終わりになるかもしれない。
それでも前に進まなければ。
社長としての、私の闘いが始まりました。

ひみつの乳酸菌

「これじゃ、ヨーグルトはできませんね」

時間は少しさかのぼり、創業1年目、岩泉乳業オリジナルのヨーグルトづくりに取りかかろうとしていた頃のこと。

コンセプトは「岩泉ならではの、美味しいものをつくる」。ヨーグルトは体にいい、腸内環境を整えるといった健康イメージがありますが、いくら体にいいからと言っても、不味(まず)くては意味がない。とにかく「食べて美味しい」ことを絶対条件に掲げました。

でも、美味しいってどういうこと？　その味わいは？　食感は？　フレーバーをつけたほうがいい？　フルーツなどの異食材を混ぜてみる？　その前に、どの乳酸菌を使おうか……？

ヨーグルトづくりの方向性に悩んでいたときに出会ったのが、青葉化成株式会社・泉開発研究所顧問（現）の下村武生（しもむらたけお）さんでした。大手乳業メーカーで活躍した経歴の持ち主で、乳酸菌の世界を熟知し、数々の乳製品を生み出してきたスペシャリスト。とあるご縁で知り合った菌博士は、厳しい意見をずばずば言う学者肌の人でしたから、

「変わった人だな……うまくやれるかな……」

などと考えたりして、このときはまだ、秘密を共有するほど深い仲になろうとは思ってもみませんでした。

気難しい博士を迎え入れる前に、ヨーグルトを製造するためのタンクやミキサー、パイプ、冷蔵庫といったハード面の設備はすでに準備済み。下村さんにご教示いただきたかったのは、中身についてです。どんなヨーグルトにすればいいのか。そのためには、どのようなつくり方が必要なのか。とにかく戦力になる

ヨーグルトをつくりたいという一心で伝えました。

まずは現場を見てからということで、できたばかりのピカピカの工場に見学に来ていただきました。設備をパッと見た瞬間に下村さんが言ったのが、先の発言「これじゃ、ヨーグルトはできません」だったのです。

この工場ではヨーグルトをつくることができない、と言うのです。私は青ざめました。

「どうしてですか？　設備については、ハード面の専門家の意見を聞いて整えたのですが……」

そう言うと、下村さんは何にも分かっていないというように頭を振って、

「食品工場というのは台所の延長線上みたいなものなんです。つまり段取りが命。もちろん、鍋や釜があれば米も炊けるし、味噌汁もつくれます。でも、水道や火口などが見当違いな場所にあっては、タイミングがずれるなどして決して美味しい料理にはなりませんよね。それと同じ。とくにヨーグルトは菌の力を借りてつくるもの。非常に繊細ですから、段取りはとても重要です。にもかかわらず、この工場は動線がバラバラ。これでは美味しいヨーグルトをつくることなどでき

ません」

ほかにも揃えるべき機器が不足していることも指摘されました。

たとえば、ホモゲナイザーという装置。簡単に言えば圧力をかけて乳脂肪分などの粒子の大きさを均質化させるもの。なめらかな質感やのど越しを実現するためには必須の機械です。

今でこそヨーグルトメーカーではあたりまえのようにホモゲナイザーが使用されていますが、当時の主流はヨーグルト専用のミキサーでしたから、私たちもそれにならってミキサーで均質化を図ろうと用意していました。

ところが下村さん曰く、「ホモゲナイザーとミキサーでは、すり鉢でするのと、包丁で切ったものくらいに違う」

もちろんホモゲナイザーはすり鉢です。いくら包丁で細かくカッティングしても、そのなめらかさはすり鉢には到底かなうものではありませんから。

「ザラザラとした食感になってもいいのか？」

ヨーグルトにとってのど越しは非常に大事。弊社の「岩泉ヨーグルト」や「岩泉のむヨーグルト」が当初からきめ細かくなめらかな食感を実現できているのは、このときの下村さんの指摘があってこそ。

知らないことは恥ずかしがらずにプロに聞け。これ、今も変わらず私の胸に刻まれている、大事な教訓の一つです。


こうして数々の問題点をひとつひとつクリアしながら、生産ラインをできうる限り理想に近づけていき、「これなら」とOKをもらうことができました。

ようやくスタートライン。ここからが本番です。

戦力になるヨーグルトをつくるためには、どんな乳酸菌を使えばいいのか。正直な話、どんな乳酸菌でもヨーグルトはできるといいます。でも、私たちがつくりたいのは岩泉の生乳だからこその美味しいヨーグルト。

下村さんは菌の個性を熟知していました。乳酸菌はそれこそ数百種類あると言われています。有名なところでいえば、ガセリ菌やサーモフィラス菌などでしょうか。菌ごとに個性が違い、生乳との相性によって生まれる味わいもまた違う。塩みが出てくるものもあれば、臭みが出てしまう場合もあるといいますから、発酵の世界は本当に奥深いものです。

そういったデータが「ここに全部入っている」。ご自分の頭を指でトントンとたたきながら下村さんは笑って言います。そして「同じ乳酸菌を使ったところで、生乳が違えば味わいはまったく別物になる」とも。

後日、岩泉の生乳を使った試作品を5種類ほどもってきてくれました。

下村さんは岩泉の生乳の成分を調べ、それに合うだろうと推定される菌株をいくつか厳選。それを用いてヨーグルトをつくってきてくれたのです。

テーブルの上に並べられたヨーグルトを、一つずつ試食します。Aタイプは爽やかで軽い口当たり。Bタイプは少し酸味があるけれどまろやか、というように、いずれも甲乙つけがたい味わい。私を含め3名がそれぞれを口に運びましたが、どれが正解なのか、すぐに答えは出ませんでした。

試食をしているとき、下村さんが「これがいい」などと口を挟むことは一切なかった。私たちが自分で決めることが何より大切であると考えていたからです。これは良い、これは悪いという、自分たちなりの物差しをもたなければ、これから先に安定した製品をつくり続けることなどできない、という理由からだったそうです。

確かに食品の製造には、味覚という曖昧な感覚が大切になってくる。だからこそ、確固たる判断基準がなければならない。これがブレてしまっては自分たちなりの商品などつくることはできない。

ものづくりをする会社としての重責を改めて心に刻んだ瞬間でした。

「これに決めます」

迷いに迷った末、候補の中で、一つの乳酸菌に決めました。

「どうしてそれがいいと思ったんだ？」

下村さんの質問に対する私の答えは、

「酸味が少なくて食べやすかったこと。そして岩泉の生乳の美味しさをもっとも感じられたからです」

個人的な好みといえばそれまでですが、私としては責任をもって〝その乳酸菌がいい〟と決めたのです。

岩泉ヨーグルトは発売から15周年を迎えますが、実はこの乳酸菌の名称を知っている人間は、下村さんと私、そしてあと数名の社員だけ。門外不出のひみつの乳酸菌です。

商品化に向けての製造に取りかかることになりました。菌が決まったからといってすぐに「岩泉ヨーグルト」になるかといえば、残念ながらそう簡単な話ではありません。

ヨーグルトは原料乳に乳酸菌を入れて、発酵させてつくります。乳酸菌の個性や生乳の質はもちろん、発酵温度や発酵時間、発酵のタイミングなど、いくつもの要素が複雑に絡み合いながら、味や食感は決まるもの。そうしたすべてを調整して「これだ」というところまでもっていかなくてはなりません。

製造に関して、私が開発時に決めていたことは必ず〝生乳〟を使うこと。生乳とは搾りたての乳のこと。これをヨーグルト用に加熱殺菌処理して使用します。こんなことを言うと「それはあたりまえなのでは？」と思う方がいるかもしれませんが、実はこれは原始的なつくり方。今の日本においては、珍しい製造法と言っても過言ではありません。

多くの乳業会社、とくに1日に大量に生産するような大手メーカーは、原料に粉乳を使用することが多くあります。粉乳とは生乳や牛乳から水分だけを取り除いて乾燥させた粉のこと。それを必要なだけ水で溶き、そこに乳酸菌を入れてヨーグルトにしていることが多いのです。これは日々、何トンものヨーグルトを製造している会社が効率化を求めた末に編み出した手法ですが、これだとどうしても水っぽいヨーグルトになってしまう。

うちとしては、生産量もさほど多くありませんし、岩泉の酪農家から新鮮な生乳が毎日届きますから、わざわざ粉乳を使用する必要もありません。大手は大手。うちは、うち。生乳でこそ生まれる濃厚なコクと風味豊かな味わいをより追求することにしたのです。

さらに乳酸菌の良さを引き出し、生乳の美味しさを引き立てるためには、どのように発酵させればいいのか。とにかく試行錯誤の連続でした。

一般的には前発酵といって、生乳に乳酸菌を入れてそのままタンク内で発酵させます。通常40～45度で、発酵に要する時間は5～6時間です。

一度に多くのヨーグルトをつくるときに採用される方法で、効率良く商品化できるというメリットがありますが、このやり方だとどうしても、酸味が出てしまう。ヨーグルトが嫌われる一番の理由は、酸味です。それをカバーするために調味をしたり、果物を加えたり。添加物を入れるといった手段を取ることもありますが、それでは生乳の美味しさを邪魔することになりかねず、味わい的にも素材の味を生かしきれない。

開発当初、下村さんに言われたことがあります。

「世の中にはすでに多様なヨーグルトがあるから、同じような物をつくっていても仕方ない。君たちは、とことんこだわったものをつくりなさい」

妥協はできません。発酵温度を調節し、発酵時間を変えながらの微調整。つくっては食べて、つくってはまた食べる日々が続きました。

そうして辿り着いたのは、後発酵&低温長時間発酵でした。このときはまだプラスチックカップ入りのヨーグルトです。

後発酵とは生乳に乳酸菌を入れて、パック詰めした後に発酵させる方法。発酵温度は33〜35度。かなりの低温状態で20時間、通常の3〜4倍の時間をかけてじっくりと発酵させていきます。大量につくることはできないものの、この方法によって酸味のないまろやかな味わいとコク、決して水っぽくない、しっかりとした食感をもつヨーグルトになったのです。

もちろん、凝固剤や酸化防止剤、香料などの添加物は一切使いません。待つんです。自分の力でヨーグルトが固まるまで、じーっくり待つ。

こうして生乳と乳酸菌の力でつくった、自然のままのヨーグルト「岩泉ヨーグルト」が誕生したのです。

＊

後日、酒の席で下村さんに言われたことがあります。

「牛乳の中にも、ヨーグルトに向いているものと、向いていないものがあるんだけど、岩泉のミルクは本当にいいミルクだな。ヨーグルトにすごく向いている。それに……」

ビールを一口飲み、さらに続けます。

「乳酸菌というのは水にものすごく左右される存在なんだ。〝水が合う〟と言うでしょう。人間だって、その土地、その地域の環境になじむことができるほどに実力を発揮できたり、いきいきと生活することができる。乳酸菌は我々人間なんかよりもっとずっと繊細なんだよ。水が悪かったり、相性が良くなければ繁殖してくれないし、悪い方向に増殖してしまう恐れもある。だから、水というのはとても大切な要素なんだ。岩泉は本当に水がいい。水がいいということは何にも代えられないこの土地ならではの特長だ。かけがえのない財産と言ってもいい。岩泉の自然には本当に感謝するしかないな」

私たちがあたりまえのように飲んでいる水も、野菜や果物を栽培する畑や牛がはむ牧草などを培う土壌を潤す水も、森を豊かに育ててくれる水も。そうしたすべての水が「岩泉」を成している。

「あぁ……」

私はこのとき、岩泉という地域のありがたさを改めて実感しました。

岩泉は、山々に囲まれて閉ざされているのではなく、山々に守られているのだ。

そんなあたりまえの、でも奇跡のようなことに、気がつくことができたのです。

さて。ここまで読んでいただいて、みなさんの頭の中には一つの疑問が浮かぶのではないでしょうか。

岩泉ヨーグルトといえばアルミパウチではないのか——？

そうなんです。この時点ではまだ一般的なカップ型の容器に入っていました。

アルミパウチ入りの「岩泉ヨーグルト」が世の中に登場するのは、もう少し後のことです。

それは、日本初

有芸の実家には、牛の絵が描かれた御札が貼ってありました。

牛の神様を祀った御札であり、有芸だけのものかと思っていたら、岩泉町で牛を飼っている多くの家にも同じ御札が貼ってありましたから、このあたりではよくある存在なのでしょう。

子どもの頃の記憶ですが、その御札は袈裟のようなものを着た男性が家にやってきて置いていったもの。格好から推測するに、おそらく僧侶だったと思います。一年に一度くらいの頻度で、ふらりとやってくるのです。

彼が来ると、牛舎の前で祈りを捧げます。家畜は決して安いものでなく、それこそ大事な財産でしたから、牛が病気もせずに健康で美味しい生乳を出してくれるように、牛舎に厄が入り込まないようにと、祈禱をしてくれていたのです。それに対して、いくらかは分かりませんが、母が対価を払っていました。

そして、すべてが終わると牛の絵の描かれた1枚の御札を置いて、その僧侶は去って行くのでした。

私がある程度大人になってからは、彼が来た様子はありません。本当に僧侶だったのか、牛の神様を騙った商売だったのか。実際のところは分かりませんが、それでもなんとなく牛の神様の御札が貼ってあるだけで安心するような、これで大丈夫と思えるような。ありがたい気持ちになったことを覚えています。

牛の神様がいるのなら、どうにかしてほしい……。

どうして、そんなことを思い出したのか。きっとそれは、藁にもすがる状況だったからかもしれません。

自信作の「岩泉ヨーグルト」があったものの、ヨーグルト市場もまた牛乳と同じく厳しい状況にありました。スーパーの棚はすでに他メーカーのヨーグルトであふれています。後から加わった乳業メーカーの新しい商品など「置くことはできない」とバイヤーからは門前払いされる日々が続きます。

このままでは牛乳の二の舞になってしまう。牛の神様がいるのなら、どうにかしてほしい……といったところでしょうか。


社長に就任して2年目にさしかかる頃でした。まだ何の成果も上がっていませんでしたから、岩泉の町を歩けば人の視線が気になります。怖かったといってもいいほどです。

会社には、地区のお祭りや企業のパーティーなどさまざまな行事への招待状が寄せられました。社長として行かないわけにもいきません。でも、行ったら行ったで、冷たい視線を感じることもしばしば。

「売り上げが出ないなら早く辞めるべきだ」

「いつまで税金を使って続けるつもりなのかよ」

小さな町ですから、聞きたくない声も聞こえてきます。周囲から聞こえてくるネガティブな声は非常にショックでしたが、このときの私は同時に、心の中でひそかに思っていました。

「今に、見てろよ」と。

問題はヨーグルトを売るための場所でした。

競合ひしめくスーパーだけを狙っていても、らちがあかない。かといって、小売店ばかりでは採算をとることが難しい。どこかヨーグルトをたくさん消費している場所はないだろうか。

そんなことを考えていたある日、出張で都内のホテルに宿泊していました。

朝食は今流行のバイキングスタイルです。卵焼きや鮭、煮物といった和食メニューから、スクランブルエッグやサラダ、ソーセージなどの洋食メニューまでずらりと並んでいます。食事を済ませた後、デザートでも食べようかと陳列棚に向かいました。テーブル上にはイチゴやオレンジといった季節のフルーツが用意されていて、その横には、大きなボウルに入った、ヨーグルトが置いてあったのです。

「そうか……ホテルなら多くの人にヨーグルトを食べてもらえるな」

宿泊施設の朝食に使ってもらえたら、一定量を売ることができるんじゃないか！　ホテルの担当者に話を聞くと、大きなボウルにヨーグルトを移すときには、400g入りの市販のカップヨーグルトを購入して、その蓋をひとつひとつ開けては入れ、開けては入れ、を繰り返しているそうで、

「この作業が面倒くさいんだよね」とのことでした。

「なるほど、それなら……」

一度でたくさんのヨーグルトが提供できるような業務用ヨーグルトをつくってみようと思い立ちました。業務用とはいえ、中身はそのまま。ただ、パッケージを大きくすれば、なんとかなるのではないかと考えたのです。


その足で大型のホームセンターに向かいました。

必要なのは、ヨーグルトが漏れたりしないもの。後発酵をさせるためにはある程度の強度や劣化しにくい素材であることも重要です。プラスチック製やラミネート製のものなどいろいろな市販品がありましたが、そこで〝たまたま〟目についたのがアルミ性のパウチ（袋）でした。アルミパウチとはアルミ箔を基材と

してつくられる銀色の袋のことで、手に取ったのは2kgほど入る袋です。

「これなら、いっぱい入るな」

選んだのはそんな理由からでした——まさかこれが運命の分かれ道になろうとは、そのときは知る由もありません。


アルミパウチ（2kg）入りの岩泉ヨーグルトを製造（アルミパウチに充塡するための機械などありませんから、ひとつひとつを手作業で詰めただけですが）して、試しに、岩手県の宮古市にある「宮古セントラルホテル熊安（くまやす）」に持参しました。

このホテルでも朝食のバイキングでヨーグルトを提供していましたから、アルミパウチ入りのヨーグルトの感想を聞こうと思ったのです。すると、

「これはいいね」ということになり、早速、取り扱いが始まることに！

「お!?」

私の胸は少し高鳴りました。そして、その話を聞きつけたほかのホテルから
「うちも欲しい」との声が。

「おお!!」

ひそかに興奮しました。まさかアルミパウチに入れたことで注文が増えるとは思っていませんでしたから。その後も嬉しい誤算は続き、そこから少しずつ注文の数が増えていったのです。

アルミパウチ入りヨーグルトをつくりはじめて数日経った頃のこと。仕上がりの状態をチェックする工場のスタッフから、こんな声が上がりました。

「このヨーグルト、今までと違うような気がするんですけど」

「なんだかモチモチしてませんか？」

試食してみると確かに。もともと、しっかりとした食感のヨーグルトではありましたが、ここまでもっちりとしてはいませんでした。それに生乳本来の甘味が、より際立つ味わいになっていた。

何だ？　なんでだろう？　何が起こっているんだ？

このことを下村さんに報告しました。原材料も製法も何も変えてはいません。変えたことといえば、容器をアルミ袋に替えたくらいです。

「おそらくアルミ袋による影響だろうね。でも、なぜかは分からないな。だってヨーグルトをアルミ袋に入れたことなんてないからね。アルミ袋入りのヨーグルトなんてはじめて聞いたよ」と楽しそうに言っていました。

アルミパウチについて調べてみると、ヨーグルトにとってのメリットを多く有していることが分かりました。

まずは酸素を通しにくいこと。食品にとって酸化は大敵ですから、これは非常に重要なポイントです。また遮光性があること。光を通さないため、風味の劣化を防ぐことができます。さらに湿気を通しにくいこと、香りを逃しにくく、匂い移りを防ぐ保香性があること、バリア性が高いこと。そして何より、断熱性に優れているため熱がじっくりと伝わること。アルミパウチの熱の伝導性が低温長時間発酵に最適だったのです。

アルミパウチの中はさながら〝小さなヨーグルト工場〟とでもいいましょうか。便宜を図るために使用したアルミパウチが、私たちのヨーグルトをひとまわりも、ふたまわりも味わい深く、優れた食感へと昇華してくれたのです。

ひとつひとつ

「これは売れない」

日本ではじめてとなるアルミパウチ入りのヨーグルトを、意気揚々とスーパーに持ち込んだときのことです。バイヤーに食べてもらうと「こりゃ、うまいね」「これまで食べたことのない味わいだ！」と、感触も上々。もしかしたら、いけるんじゃないか……そう思ったのも束の間、「でも、これはだめだな」

と言われたのです。

意味が分からず、その理由をたずねると

「こんなにでかいヨーグルトを、誰が買うと思う？」

持ち込んだのは業務用としてつくった2kg入りのヨーグルトでした。

核家族化が進む昨今、誰がこんなに大きいサイズのヨーグルトを買うのか。それに「こんなに大きなパッケージを置くスペースなんてない」とけんもほろろに追い返されました。

確かに2kg入りは家庭向きではないかもしれない。そこで半量の1kg入りのヨーグルトを用意しましたが、それでも「まだ大きすぎる」と突き返されました。もっと小さいアルミパウチでもできないことはありませんが、ある程度大きなサイズでこそ、アルミパウチ&後発酵によるモチモチ感が生まれることが分かっていましたから、そのときはそれ以上、小さくすることはしませんでした。

スーパー側としてもアルミパウチに入ったヨーグルトなんて扱ったことがなかったようで、少し戸惑っていたようにも思います。

それでも、しつこく粘る私たちに、救いの手を差し伸べてくれる人がいました。岩手県内に20店舗ほどを構えるスーパーマーケットチェーン「ベルプラス」の髙(たか)

橋政敏専務が、「盛岡市内にある3店舗の売場を貸すから、試食会でもやってみたら」と場所を提供してくれたのです。

どうやら、スーパーに勤めていたパートの女性たちが、このヨーグルトを食べたとき「なにこれ！　クリームチーズみたい」「すごく美味しい」と言ったそうで、それなら試食会でもやらせてみるか、ということになったといいます。捨てる神あれば、拾う神ありです。

早速、毎週末に盛岡のベルプラスで試食販売会をすることになりました。

「さあ、今日も頑張って行ってみますか」

社員を鼓舞するように声を出していたのは、私が社長になる少し前に、龍泉洞の水の製造や道の駅の運営を行う株式会社岩泉産業開発から出向で来ていた下道勉さんです。

実は下道さんは元同僚。JA時代、家畜人工授精師として一緒に酪農家を巡るなどしていた一つ年下の後輩で、バカなことを言い合える気心の知れた友人です。

妙に馬が合うというのでしょうか。JA時代には、休日ともなればバイクでツーリングに出かけたり、渓流釣りに行ったり。なにかといえばつるんで、いつも遊んでいるほどの仲でした。途中、彼が別会社に転職したこともあって10年ほどのブランクはありましたが、会った瞬間に、また昔に戻ったような感覚になったことを覚えています。

そんな下道さんと私、ほかにも手の空いている社員に手伝ってもらいながら、盛岡のスーパーで試食販売会を続けていきました。

「いかがですか？　岩泉のヨーグルトです」

「日本初、アルミパウチに入ったヨーグルトです」

「ちょっと今までのヨーグルトとは違うんですよ」

お客様、一人ひとりに声をかけていく、地道で根気のいる作業です。大きな声を出して、笑顔で岩泉ヨーグルトの魅力を訴え、立ち止まってくれた方には丁寧に説明をしては食べていただきました。その様子を見た下道さんは、

「山下さん、こういうの苦手だったんじゃないですか？」

〝こういうの〟とは人前で話すことです。はじめは少し恥ずかしかったものですが、背に腹は代えられないこの状況。

「人間は慣れるもんだな」

実際、場数を踏むと慣れてくるものです。正直なところ、まだ苦手意識はありましたが、でも、やるしかなかった。試食販売を続けていると、次第に宣伝文句が流暢に出てくるようになりましたし、お客様とのやりとりもスムーズにできるようになりました。ときに冗談を交じえたり、サラリとお世辞を言ってみたり。そんなことを繰り返していたら、仕舞いには楽しくなってきた自分がいましたから、不思議なものです。

毎週末にヨーグルトの試食販売に行くものですから

「あら、また来たの？」

なんて言ってくれる顔なじみも増えました。

お客様と直接話ができるというのはなかなかない貴重な機会であり、かけがえのないありがたい時間でした。

でも——。

心の奥底には、常に不安が広がっていました。

「こんなことをしていて、大丈夫なんだろうか……」

そんな思いが頭をもたげました。一人ひとりに声をかけて食べてもらい、中には買ってくださる方もいる。それはとてもありがたいことなのですが、非効率極まりないやり方です。スーパーの開店時間である10時から、閉店時刻である20時まで目一杯頑張ったとしても、売り上げにしたらわずかなもの。

試食販売会をしている間にも、日に日に資金が減っていく。1カ月にしたら、1年にしたら……。こんなに手間暇のかかることをしていていいのか、時間を無駄にしているのではないだろうか。そんな不安が頭の中でぐるぐると回っていました。

それでも、うちのヨーグルトを食べて「あ〜！　美味しい！」と喜んでくださるお客様を前にすると、救われたような気持ちになり、なんとか踏ん張り続けることができました。

岩泉と盛岡を行き来する週末が続きます。

車で片道2時間の道のり。盛岡から車で来ていただくとお分かりになると思いますが、2時間のうち1時間40分はだいたい山間の道を往きます（もちろん道路は舗装されていますからご安心ください）。

道路の脇は森や川、湖、そしてまた森。春は、新芽が吹いて山肌が軽やかな黄緑色に彩られ、夏には生命力あふれる濃緑が迎えてくれます。秋になれば赤や黄、茶色といった紅葉のグラデーションが美しくなり、冬は息をひそめるかのように真っ白な雪景色があたりを包み込むなど、四季折々の自然風景が思う存分に楽しめるドライビングコースになっていますが、当時の私の目には、美しい景色も、流れゆく季節の変遷も映ってはいなかった。

それどころか突然、目の前が真っ暗になったことがありました。

ドゴン！　という大きな衝撃とともに、体に激痛が走りました。盛岡からの帰り道、岩洞湖（がんどうこ）周辺で車を土手へと落とす事故を起こしたのです。

原因は私の居眠り運転。この時期はヨーグルトの製造をして、各所へ配達、取引先へ出かけ、営業も行い、その合間をぬって役員会や株主総会に提出する資料を作成するなど多忙を極めていました。おまけに週末には試食会がありましたから、自分では気づかない間に疲れが溜まっていたのでしょう。幸い大事には至らなかったものの危ないところでした。

とにかく働いた。起きているのか、寝ているのか、働いているのか、自分が自分でもよく分からないほど、めまぐるしい日々。先の見えないトンネルを、とにかく前に、前だと思われる方向に、進むしかないような状態だったのです。


そんな生活がどのくらい続いたでしょうか。

神経がすり減り、このままではもう気持ちを維持するのが難しい、そんな頃に一つの朗報が！

ベルプラス全店舗で「岩泉ヨーグルト」を扱ってくれることになったのです。

というのも、週末の試食会でうちのヨーグルトを食べたお客様が、平日に購入しようと来店。でも、店には置いてありませんから、

「岩泉ヨーグルトが欲しいのに、どうして店に置いてないの？」

「お店では買えないの？」

そういった声が多く寄せられたらしいのです。

よし！

心の中でガッツポーズ。お客様の口コミが、バイヤーの心を動かしたのです。これは本当に嬉しいことでした。

さらに試食販売会を長く続けているとメディアの目にも留まるようで、テレビや新聞、雑誌の取材をたびたび受けることになりました。こうなったらもうやけくそです。恥ずかしいとは言っていられませんから、思いきりアピールすることに。次第に「岩泉ヨーグルト」「岩泉乳業」の地名度も上がっていきました。

盛岡からの帰り道、車の窓を開けて久しぶりに山の空気を吸い込みました。乾いた空気の中に、落ち葉の少しだけ甘いような匂いがします。まだ夏を過ぎた頃だと思っていたのに、季節はいつの間にか秋から冬へとさしかかろうとしていました。

そして拾う神は、岩泉町内にも！

地元の方々が〝岩泉乳業応援隊〟を発足してくれたのです。発起人は社員のご家族の方々でした。我が子が朝から晩まで頑張っているから、どうにか応援できないか。そうした想いが根底にあったのだと思います。

会社に一本の電話がありました。

「岩泉ヨーグルトはこんなに美味しいのに、どうして売れないのか。周囲にもっと紹介したいから商品についての情報が知りたい」

そこで早速、勉強会を行うことにしました。岩泉ヨーグルトがどうしてアルミパウチに入っているのか、どうしてモチモチとした食感なのか。ほかのヨーグルトとは何が違うのか。そうした知識を学び、親戚や遠くの知人にどんどん送って積極的にＰＲしてくれたのです。

最初は５〜６人だったと思います。勉強会を続けるにつれて次第に10人、20人、最終的には１００人ほどに増え、そこからは口コミで注文が増えていきました。


当時、赤字続きのこの会社について、町の人々はこれ以上お金を注ぎ込む前に辞めたほうがいいという〝撤退派〟と、せっかくお金を注ぎ込んできたのだからもう少し頑張ってもらいたいという〝存続派〟に二分していました。

それでも岩泉ヨーグルトの認知度が高くなり、売り上げを伸ばしていくにつれ、反対していた人も次第に応援側に回ってくれるように。

いい風が吹いている。

岩泉乳業という会社と、この会社を取り巻く岩泉という町全体の雰囲気が少しずつ緩やかに変わりはじめていることを、このとき肌に感じていました。

＊

日本初のアルミパウチのヨーグルトは、今までにない画期的なヨーグルトとして、次第に認知度を高めていきました。

「もちろん、特許は取ったんですよね？」

役員会でも社内でも取引先のスーパーでも、多くの方に聞かれますが答えは「ノー」です。

会社が繁栄するために、特許を取るべきなのかと考えなかったわけではありません。でも、私としてはほかの乳業メーカーが参入してきてもいいと思っていた。

なぜなら、アルミパウチ入りのヨーグルトの認知度が上がるから。

多くのメーカーがアルミパウチ入りヨーグルトを製造すれば、スーパーの棚が広がり、お客様の目につきやすくなるからです。

今ではアルミパウチ入りのヨーグルトをスーパーで目にすることが多いでしょう？　まさにこれは狙い通りです。

それに、たとえ他社がアルミパウチのヨーグルトをつくったとしても、生乳の質が違えば味わいは異なります。それに、うちにはひみつの乳酸菌がある。同様の製法でも、岩泉ヨーグルトとは決して同じ味わいにはなりません。その自信だけはありましたから。

感動の赤いシール

工場長時代、ハードタイプの「岩泉ヨーグルト」のほかにもう一つ、下村さんとつくっていたものがありました。ドリンクタイプの「岩泉のむヨーグルト」。こちらもひみつの乳酸菌を使い、小ロット&低温長時間発酵。岩泉の生乳ならではの濃厚なコクが生きた、のど越しのいいまろやかな味わいが特長の飲むヨーグルトです。

これが、大ブレイクしました。

きっかけをつくってくれたのは、健康ランドなどの温浴施設に販売店をもつ株式会社フォレスト工房社長の中村道郎（なかむらみちお）さん。背が高くてダンディーな中村さんは、まさに東京でビジネス展開をしている経営者という風格を漂わせていました。

はじめてお会いしたのは、社長に就任して間もなくの頃です。

東京にある数少ない取引先に挨拶回りに出かけたとき、一社から急なキャンセルがあったため、誰かほかの方に会えないかなと電話をかけて、お会いすることになったのが中村さんでした。

15年以上前、温浴施設に置いてある乳製品といえば、たいてい牛乳やコーヒー牛乳でした。中村さんはいち早く飲むヨーグルトに目をつけて、さまざまな商品を飲み比べたうえで、「岩泉のむヨーグルト」を選んでくれていたのです。

「数ある中で、うちの商品を選んでくれたのはなぜですか？」

聞くと、その答えはとてもシンプルでした。

「うちの子が、『これが一番好き』と言ったからです」

世の中にあまたあるのむヨーグルトの中から数種類を厳選し、最終的にどの商品を扱うべきかと悩んでいたとき、お子さんが何気なく放ったその一言で心を決めたと言います。

そんな中村さんから「岩泉ヨーグルトをもっと広めるために」と紹介されたのが、株式会社オキ・ホールディングス社長の隠岐康さんです。隠岐さんは、常に新しい何かを探しているような、未来を見据えて楽しむフットワークの軽さをあわせもつ人であり、社長という仕事の奥深さや面白さを教えてくれた人。大事なビジネスパートナーとして今もお世話になっています。

そして同社は、全国の温浴施設にある売店に飲料やお菓子などを卸している会社でもありましたから、そこから一気に販売ルートが拡大します。

東京23区内にある店舗のみならず神奈川、千葉、埼玉、大阪、そして九州から北海道まで。日本各地に「岩泉のむヨーグルト」を置いてくれたのです。

「夢のようだ……」

週に一度、岩泉乳業の幹部会が開かれました。町長や役場の職員、それに私を鼓舞してかりたてた例の八重樫さんも監査役として参加していました。

会議室の中央にあるテーブル上には、大きな日本地図が広げられ、のむヨーグルトが導入される店舗が増えるたびに、その場所に小さな赤いシールを貼っていきました。ときには1枚、ときには2枚、多いときには1週間で4枚シールが増えることも。

真っ白だった地図が、少しずつ赤色に染まっていくさまに、心が震えました。私以外の役員も、静かながら興奮しているように見えました。かつて販路がなかなか見いだせず、行き場のなかった岩泉乳業が今、岩手県内だけでなく全国各地にその名を広めていたのですから、興奮しないほうがおかしいというものです。

「まるで『国盗り物語』だな」

もっとも喜んでいたのは八重樫さんでした。創業当時から何かと厳しい意見を言いながら、それでも最後には味方になってくれた恩人は、週に一度のこの会議が不安でもあり、待ち遠しくもあったといいます。

「山下君、あっぱれだ」

本当によくやったな。八重樫さんにそう言ってもらったときは、目頭が熱くなりました。

その後も、販売ルートは順調に拡大。現在は全国450店舗の温浴施設で取り扱っていただいています。
今思うと、「岩泉のむヨーグルト」は会社の苦しい経営をつないでくれた。これがなかったら、岩泉乳業はもうなかったかもしれません。

ようやく、ここまできた。

社長を引き受けたとき、手元には何もなかった。目の前には荒涼とした大地が広がっているだけだった。そんな心許ない状況で、使えそうな材料を拾い上げ、使えるかたちに整えて、組み立ててきた。そう、まるで子どもの頃につくっていた木製のロボットのように。ひとつひとつを大切に積み重ねてきた、今。少しずつ、でも明確に、この会社の輪郭が見えてていました。
「岩泉のむヨーグルト」を置いてくれる温浴施設の契約件数は右肩上がりに増えていき、次いで、アルミパウチ入りの「岩泉ヨーグルト」も全国のホテルを中心に販売数を確実に伸ばしていきました。

それを受けて２０１０（平成22）年には工場内に発酵乳ラインを増設。それでも生産量が追いつかない状態となったため、第2工場の建設を計画しました。借金を抱えている会社ですから、お金の余裕はありません。

「山下、大丈夫か？」

そんな声も上がります。端（はた）から見れば、博打を打つかのごとく見えていたかもしれない。でも、このときの私には確信がありました。

「いける」

ハードタイプもドリンクも、ヨーグルトの販売数は伸びている。これからまだ伸びるだろうし、取引先も増えてきた。営業で各地を飛び回り、世の中を自分の目と耳で感知し、さまざまな経営者ともお会いして、いろいろな話を聞いてきた。そうしたすべてを総合して考えると、第2工場を建てることは博打でも何でもない。ロボットでいうなら、すでに下半身はがっちりとできている。足りないのは自由に動かせる両腕だけでした。

とりあえず、岩手銀行の岩泉支店に相談することにしました。当然ながら融資の許可はすんなりとはおりません。何度も何度も足を運びました。ここ数カ月の試算表を持参して、会社の状況を説明し、支店長を説得しようと試みましたが、なかなか首を縦には振ってくれなかった。

これはどうしたものか……。考えました。少し趣向を変えてみるかと思い立ち、支店長宛てに手紙を書くことにしました。

岩泉ヨーグルトはほかにはない素晴らしい商品であること。世の中に認められはじめていること。どうしても会社の業績を伸ばさなければいけないこと。まだまだ伸びしろがあること。岩泉という地域をもっと活性化させるためには岩泉乳業の力が必要であることなど、思いつく限りの言葉を真摯に、情熱をもって連ねました。

その結果、なんとか3000万円をお借りすることができました。

聞くところによると支店長はその手紙をもって本店に行き、頭取に直談判してくれたというのです。また町からもご協力いただき日本政策金融公庫からは1億2000万円を借り入れることができました。

それらの資金を投じて2011（平成23）年5月に、ヨーグルト製造のための第2工場を建設したのです。

さらに一つ問題がありました。

製造個数が急激に増えたことから、ヨーグルトの充塡機が必要になりました。これまでは、社員たちが手作業で詰めていましたが、これには限界があった。どんなに頑張っても1日最大300個。腱鞘炎になるスタッフもいたほどですから、早急になんとかする必要がありました。

ところが、どこを探してもそんな機械は見つからない。全国さまざまな機械メーカーを回り、レトルト食品の工場などに問い合わせ、ときには見学に行きましたが、なかなか思うような機械はありませんでした。アルミパウチに液体のままのヨーグルトを注ぐこと自体が日本初のことですから、無理もありません。それでもなんとか機械化せねば、みんなが疲弊してしまいヨーグルトをつくれなくなってしまう……。

ちょうどこの頃、東日本大震災が発生。会社や工場にはさほど被害は出なかったものの、仙台駅の天井が落ちるなどして交通網が遮断されました。早急に充塡機を用意しなければならない焦りの中で、身動きが取りにくい状況。ジリジリとした日々が続きます。

このとき、救いの手を差し伸べてくれたのが発酵乳用機器の製造・販売を行う末次(すえつぐ)興産株式会社社長の末次忠幸(ただゆき)さん。第2工場建設時にドリンクタイプのヨーグルト製造設備の増設をお願いして以来のお付き合いですが、そんな末次さんから「横浜に似たような構造の機械をつくっている会社がありますよ」と、とある会社をご紹介いただいたのです。そこで製造していたのは醤油のための機械でしたが、なんとか応用することはできないかと相談したところ、オリジナルの充塡機をつくっていただくことができました。

また充塡機の開発とともに、アルミパウチそのものの改良にも着手。

これまでは既存のアルミパウチを使用していましたが、やっぱり自分たちだけのヨーグルトをつくりたいと思い、専門家を交えて改めてオリジナルのアルミパウチを製造することに。乳等省令の規格による容器としての規定をクリアしていることはもちろん、岩泉ヨーグルトにより適したものになるように材質や厚みなどを見直して、落下実験や振動のテストを何度も何度も繰り返し行い、ついには5層からなる、岩泉乳業だけのアルミパウチを開発したのです。

ひとつひとつ。また、一つ。夢中で駆け抜けたこの頃。

累積赤字ゼロへ

「おい、おい。計算は間違ってないか？」

社長に就任してから3年目。年度末の総会に向けた役員会において、収支報告書を確認した役員から「黒字になってるぞ」との声が上がったのです。ほかの役員も「いやいや、そんなことはないだろう……」と不審顔。

創業以来、赤字続きだった岩泉乳業は、マイナス5000万円、マイナス3000万円という「マイナス」のついた数字が常でしたから、なかなか状況を飲み込むことができなかったようです。

「いえ、間違いではありません。会計事務所も精査しています。そのうえで330万円の黒字です」

そう言うと
「おお……」

「おお……?」

「おお!!」

「えー!!!!!」

役員から歓声が上がりました。拍手が起こりました。わずかながらの黒字ですが、岩泉乳業始まって以来、はじめての黒字です。まさか、この会社が黒字に転じることになるとは誰も思っていなかったのでしょう。嬉しい状況を飲み込むまでに時間がかかったものの、想像以上の歓喜に包まれたのです。

もちろん、累積赤字はまだ残っていた。でも、私の中には確信がありました。

「いけるぞ」

このまま勢いにのっていこう。この会社はまだまだ伸びる。伸ばすんだ。

そして――。

社長就任から6年経過後の2015（平成27）年。

就任時に請け負った2億8000万円の累積赤字をすべて解消。創業から10年目のことでした。遂に累積赤字がゼロになったのです。

やった……。

これまで感じたことのない達成感を覚えた。

やったぞ……。

心の奥底が熱くなり、体全体が、えもいわれぬ安堵感に包まれました。

創業当時の協議会メンバーの一人である佐々木さん（「負の遺産をつくった張本人」であると後ろ指をさされたことがあると言っていた）に、赤字がゼロになったことを伝えると、

「よかった。本当に、良かったです。これまでずっと背中に十字架を背負ってきたけれど、ようやく外すことができます」

そう言って泣いているのを見て、私もまた泣きました。

ときどき考えます。

私が、社長としてここまでやってこられたのは、どうしてなのかと。

まったくの素人だったからかもしれない。

経営を勉強したことも、マーケティングについて学んだこともありません。お金の借り方一つ知らず、ヨーグルトの販売方法さえ分からない状態でしたから、よく潰れなかったな、というのが正直なところですが、それでも、分からないことだらけだったからこそ、型にはまることなく何ごとにも囚われずに進むことができたのかもしれません。

ヨーグルトをアルミパウチに入れてみたり、手間暇のかかる試食販売会をしてみたり。三陸鉄道の中で車内販売をしたこともあるし、軽トラックで町内行商をしていたことも。何が結果に結びつくかも分からないそんな状況下において、自分でその都度考えて、行動してみる。分からないことは分かる人に聞いて、少しずつ進むしかありませんでした。

格好悪くても、思い通りにいかなくても。調子にのることなく、できる限りのことをしてきたからこその結果なのかな、と。今の私は、そんなふうに思っています。

「調子にのることなく……」などと格好の良いことを言いましたが、私だって人間ですから、調子にのることくらいあります。

＊

ホテルや温浴施設でヨーグルトを導入してもらい、スーパーでの販売が実現するなど、やることなすこと大当たりして負債も解消したとき、不覚にも「俺は経営に向いているんじゃないか」などと思ってしまったことがあります。

そんなとき人間は浮き足立った行動をするものです。ちょっといいスーツを着てみたり、身分不相応な高級レストランで食事をしてみたり。

その最たるものといえば車でしょうか。成功者の証とでもいうのか、私は思い切ってベンツを購入。ずっとずっと憧れていた車です。社長になったからには、やっぱり一度は乗ってみたい。そう思わずにはいられない。

「誰でも頑張れば、高級車に乗ることだってできるんだと思ってほしかったから」などと言い訳をしながら、頑張った自分へのご褒美として購入したのです。

心浮かれて得意げになっていた私に、妻が言いました。
「お父さん、運転手と間違われるわよ」

おしゃれなシャツを買ったときは
「いいシャツね。でも、お腹のところのボタン留まるの？」
高級なスーツを買ったときにも
「あら、素敵なスーツなのに、脚の長さが足りないんじゃゃ……」
そして極めつき。せっかくベンツを買ったにもかかわらず、社用車ばかりを利用する私に
「ベンツに乗らないのなら、さっさと売ってしまったら？　もっと似合う人がいるはずよ」
悪気のない妻の言葉が、背中に刺さる今日この頃です。

転

ラジオから聞こえたメッセージ

後悔とドラゴンブルー

東北地方といえども、岩泉にも暑い夏がやってきます。日中の気温は30度を優に超え、最近では温度計が36度を示す日も珍しくはありません。しかし、こうした暑さも彼岸まで。岩泉では盆を過ぎるとあっという間に涼しくなりますから、貴重な夏季を存分に楽しんでおきたいものです。

さて、岩泉ヨーグルトの販路が順調に拡大し、経営が軌道にのってきた頃、私にはどうしても、やりたいことがありました。

それは、酪農家への支援です。創業からこれまで、いや、創業以前からずっと共に歩んできて、出資金まで出してもらっていたのに、何の恩返しもできていなかった。それが、ずっと心の奥に引っかかったままでした。

だから少しだけ余裕ができた今、何かできることはないかと1000万円を支援することにしたのです。町を経由して酪農家の方々に、かつて出してもらった出資額に、わずかながら利息をプラスした金額です。

用途は酪農家のみなさんの自由。

「好きに使っていいからね」

そう伝えていました。少しでも経営が楽になるように、酪農発展のために使ってもらえばいいなと思っていましたが、彼らの選択は想像を上回りました。

「牛を3頭、買いました」

そう話してくれたのは、岩泉の海側に位置する大牛内（おおうしない）地区で酪農家を営む3代目の山崎敏（やまざきさとし）さん。岩泉で活躍する若手酪農家の一人であり、この町の酪農を仲間たちと一緒に盛り上げてくれています。そんな彼らが選んだのが〝町有牛（ちょうゆうぎゅう）〟の底上げを図ることでした。

町有牛とは聞き慣れない言葉かもしれませんね。酪農文化が息づいてきた岩泉町には昔からある制度で、文字通り、町が所有する牛のこと。

酪農にはお金がかかります。地域産業を継続させるためには、個々の酪農家の資金だけでまかなうことは難しい。そこで町が牛を買い、必要な酪農家に貸していこうという取り組みです。酪農家が町から牛を借りて飼養し、子牛が生まれたら町に返すという仕組みになっています。

山崎さんたちは、北海道で毎年行われている優良な雌牛の販売会に出かけ、素晴らしいホルスタインを3頭も落札してきてくれたのです。

そのうちの1頭は、北海道の共進会（簡単に言えば牛のコンテストみたいなもの）において60頭中2位になった、すこぶる優秀な牛。評価基準は体型です。たとえば、トップライン（背中のライン）がまっすぐでくびれがないこと、肋骨（ろっこつ）の張りが良いこと。乳房の張りや高さ、大きさ、脚の長さや丈夫さなどがポイントになります。

こうした体型は、牛の健康状態や、長命連産に向いているかどうかを見極めるための大事なバロメーター。トップラインがまっすぐだと妊娠しやすく連産に向いていることになり、肋骨の張りが良いとエサをよく食べてくれるため、乳量が多く、乳質も高くなる。酪農家が求めるのは、成分の良い生乳をより多く、長く生産してくれる健康な牛なのです。

共進会で2位になったその牛は、はじめは100万円からのスタートだったそうですが、みんなが欲しがる人気牛の値は少しずつ釣り上がり、最終的には300万円になったといいます。

いい牛だなあ。

家畜人工授精師である私や下道さんは、ただ単に子牛を産んでもらうために授精させるのではなく、生まれてくる子牛をできるだけ理想体型に近づけるため（つまり、良質な乳をたくさん出してくれるような体型にするため）、雌牛の個性を見極めつつ、どの種牛（雄牛）の精液が適しているのかということを考えながら授精を行っていましたから、山崎さんたちが購入してきた、その牛の素晴らしさに見惚れたものです。

もちろん、どんなに優良牛でも、その個性や性質を最大限生かすためには育て方が大事になってくる。

酪農家はそれぞれ、自分なりの育て方を確立していますが、山崎さんの場合はとにかく、「草」にこだわりをもっています。輸入ものの穀物の使用量を減らして、その分、自家製の草を多く与えて育てることを主軸にし、およそ26ヘクタールの広大な草地で、多品種の草を生産。

「美味しい生乳を出してくれる牛を育てるためには、美味しい草が必須。そのためにはまず良質な土壌をつくることが必要なんです」

そう話す山崎さんは、10年がかりで土壌を改良。化学肥料に頼れば草は生長しやすいけれど、それだと「土のバランスが崩れる」といい、土のバランスが崩れると「草の栄養バランスも崩れる」ことに。当然ながら、栄養バランスの悪い草を食べ続けると「牛の健康状態は悪くなり、良い成分の乳を取ることができなくなります」

山崎さんは毎年土壌分析を実施。過剰に肥料を与えるのではなく、そこに不足した栄養を加え、バランスの良い健康的な土壌をつくる。

奥さんの幸子(さちこ)さんは、「土の栄養状態が良くなると、草の匂いが変わるんです。

牛の食べっぷりも違うんですよ」と嬉しそうに話してくれました。

1年を通して安定した品質の草を生産し、栄養状態のもっとも良いタイミングで収穫する。それを乳酸発酵させるなどして飼料にするといいますが、その飼料からはなんとも甘い匂いが漂ってくる。

「だからなのか、うちの牛乳ってすごく甘いんですよ」と山崎さん。


岩泉乳業の創業当時、岩泉町に酪農家は60軒ほどありました。それが今や、20軒あまりに減少。

酪農の郷として、酪農家を守るために岩泉乳業を立ち上げたのに、時間がかかりすぎたのだろうか。もちろん、すべてが岩泉乳業のせいというわけではないけれど、それでも、もう少しなんとかならなかったのだろうかと、ときおり後悔の念が頭をよぎります。

でも、こうして頑張ってくれている酪農家がいる。それが何よりも私を、前向きな気持ちにさせてくれるのです。

およそ7年前に購入した牛たちは順調に育ち、山崎さんのところで育てられた牛は、なんと肩部分で160センチメートル、体重700kg！　大きくて逞しく、それは美しい牛に育っています。

さらにその牛たちの生命力は抜群に強く、受精卵移植によって生まれた子牛はすでに31頭、孫牛も続々と増えています。3頭の血統を引く子牛たちには、龍泉洞の青にあやかって〝ドラゴンブルー〟と名付けられました。

いずれ町有牛のほとんどがドラゴンブルーになり、岩泉で良質な生乳を生み出してくれることになる。山崎さん曰く、

「岩泉ヨーグルトがヒットしたことで、私ら酪農家のモチベーションも上がったんです。いいヨーグルトをつくってくれて、販路まで拡大してくれるからこそ、牛を育てる甲斐があるし、ちゃんといい牛乳を搾りたい、搾らなければいけないと思っています」

酪農家と私たちは両輪のようなもの。どちらが欠けてもうまく走ることができないし、どちらか一方が脆弱だと思うように進めない。両者がそれぞれ健全で、しかも同じ方向を見つめてはじめて、前へと進むことができるのです。

新商品は〝化粧水〟

岩泉ヨーグルトやのむヨーグルトはますます好調に売れていました。

でも、だからといって安心はできない。私としては、売れている製品の上にあぐらをかいているわけにはいきません。立ち止まっていてはすぐに時代に置いていかれると思っていたので、新しい商品の開発にも積極的に取り組んでいました。

うまくいくものもあれば、うまくいかないこともある。

ちまたに機能性を追求したヨーグルトがあることも、気になっていました。腸内環境を整えるとか、便秘を改善する、といったものが多く出回っています。なので、うちでもそうしたタイプのヨーグルトをつくろうかと模策したことがありました。

菌博士であり、ヨーグルトづくりのプロである下村さんに
「うちでも機能性ヨーグルトをつくってみたいんですが」

そう相談したところ、

「何、言ってるんだ！」

と一喝されました。え？　なぜ、怒られるのか……？

「そんな商品をつくったら、今つくっているヨーグルトに機能性がないってことを説明するようなもんだろ。自分たちのヨーグルトを否定するようなものじゃないか！」

その通りだ。そんなことを謳わなくても、岩泉ヨーグルトには十分に機能があるのだから、自信をもってつくり続ければいいのだ。

また、イチゴ味やパイナップル味など、さまざまな風味のヨーグルトを販売する有名な乳業メーカーの先代社長に言われたのは、

「いろんなタイプのヨーグルトなんて、つくるもんじゃないぞ。調子にのっていろいろなヨーグルトをつくると必ずロスが出る。できるだけ種類は少ないほうがいい」

確かにうちの製造内容ならロスは出ないし、工場内の冷蔵庫にも在庫は一切残りません。つくり手として、これは最高な状態だと思うわけです。

乳製品開発の試行錯誤は続けながらも、その頃の私は岩泉産業開発（現岩泉ホールディングス株式会社）の社長も兼務するようになっていました。

そこで新しく挑戦したのが、龍泉洞の水を使った〝化粧水〟です。

ヨーグルトと同じく、地域資源を生かした取り組みであり、下村さんが「感謝しなさい」と言ってくれた美味しい水をベースにした、スキンケア商品の開発に着手することになったのです。

改めて申し上げますが、岩泉は水の町。

岩泉町のシンボルである宇霊羅山の東麓にある龍泉洞に湧き出る水は、岩泉を生い茂る豊かな森林に育まれたミネラル豊富な天然水です。

すでに販売されているナチュラルミネラルウォーター「龍泉洞の水」は、非加熱処理でボトリング（汲み上げられた原水は空気に触れることなくタンクに送られ、最新のセラミック技術から生まれた精密濾過器を通して除菌濾過をしているため非加熱が可能に）してあるため、天然のミネラル成分が損なわれることのない唯一無二の水として人気ですが、今度はこの水をスキンケア商品に活用することにしたのです。

東京から岩泉にUターンしてきたスタッフの話によると、お子さんがひどい皮膚疾患に悩まされていたそうですが、岩泉に戻ってきてからは自然と治癒して、すっかり肌が綺麗になったといいます。別段薬も何も使っていないといいますから、その話を聞いたとき、岩泉の水はやはり、いいものなのではないか、と思ったものです。

社内では女性スタッフ9名でチームをつくり、自分が使うならどんな化粧水が良いかというコンセプトで開発を開始。そして2016（平成28）年6月、専門家の協力を得て、岩泉の水をベースとした龍泉洞のスキンケアシリーズの第1号「龍泉洞の化粧水」が発売されました。

アルコールやパラベンなどは一切フリー。無香料、無着色、無鉱物油、無動物油といった肌に優しい無添加処方の化粧水は、しっとりとした使用感が特長で、肌が弱い私もこの化粧水にはずいぶん助けてもらっています。

累積赤字の解消からほどなくして、新商品の開発は着々と進んでいましたし、ヨーグルトの売り上げもさらに伸びるなど、新しい風が吹いていました。

積極的に情報を発信するようになったのも、この頃。

新聞やテレビなどメディアで商品が取り上げられると、全国からの問い合わせや注文が増えるなど、その影響力を痛感したこともあり、メディアを賢く活用することにしたのです。たとえば、新商品ができたらただ単に売るのではなく、お披露目のための記者会見を開いたり、ＩＢＣ岩手放送のラジオ番組に出演させてもらったり。より多くの方の耳に届くように、目に触れるように、食べてもらえるようにと、さまざまな手を打ちました。

もちろん、広告塔はこの私。社を出ればまだまだ内向的な性格は変わらないものの、社外ではすっかりＰＲ上手なおしゃべりおじさんに。

*

こうして、さまざまなことが動き出していました。
すべてが順調に進んでいる、そう思ったとき。
誰も予想することなどできなかった、恐ろしい出来事が私たちに襲いかかったのです。

２０１６年、台風10号

その日、私は出張のために朝から車で盛岡へと向かっていました。
ラジオをつけると、東北地方に台風が上陸するというニュースが流れ、岩手県に直撃するかもしれないと伝えていました。会社にいる下道さんに
「社員はできるだけ早く帰すようにしてな」
そう指示をして、電話を切りました。

「分かりました」
私との電話を切った下道さんが、会社から１００メートルほど南側を流れる小本川を眺めると、いつもは大人しい流れが少しだけ強くなり、水位も高まってい

るように見えたといいます。

以下は、会社に残っていた下道さんが体感した台風時の状況です。

8月30日。16時を過ぎた頃から雨、風ともに強くなりました。台風は次第に勢力を増していき、ピーク時の激しさは、この地に生まれ育った私にとっては経験したことのないほど強烈なものでした。小本川の水位がどんどん上がり、水の勢いも強くなっていく。そして気がつけば河川の水があふれ出し、じわりじわりと会社に迫り来る。玄関付近が水に覆われるのに1時間もかかりませんでした。

「こりゃ、やばいな」

会社に残っていた二人の社員と一緒に、大事な書類や高額な検査機器などをできるだけ高いところに移動させました。すると玄関のほうからバリバリッ、ガッシャン！　大きな衝撃音とともに地響きが。自動ドアのガラスが水圧に耐えきれずに割れたのです。轟音（ごうおん）とともに、ものすごい勢いで茶色く濁った水が社内に流れ込んでくる。机や椅子、書類など、そこにあるものすべてがみるみる飲み込まれるさまは、まるで洗濯機。大きなデスクやコピー機が洗濯物のごとく濁流に巻き込まれていった。

私たちは、本社の2階に避難しました。上昇する水位におびえ、暴風のうなり声に耳をふさぎながら、一夜を明かすことに。電気は落ちて、携帯電話も通じない。このまま雨がやまなかったら、俺たちはどうなってしまうのか。これまで感じたことのない恐怖を覚えました。

台風が過ぎ去り、朝を迎えました。昨日とは一転、あたりは妙に静まりかえっています。なんとかやり過ごすことができたという安堵を覚えたのも束の間、窓外（そうがい）に広がる光景を目にしたとき、息をのんだ。会社全体が浸水し、まるで湖のようだったのです。小本川と両岸の境目もなく一面が水で、私たちのいる2階部分だけが水面に浮いている孤島のような状態。

河口へとゆっくりと向かう水の流れにのって、ケヤキなどの大木が根っこをつけたまま、静かに押し流されていきました。

台風10号は暴風域を伴ったまま岩手県大船渡市に上陸。岩泉町は24時間の雨量が202ミリと、8月の観測史上最多を記録しました。

　町内に点在する集落のほとんどで電気や水道は使えない状態になり、国道455号も岩泉町内の10カ所ほどで、土砂崩れや濁流に削られて崩落。河川があふれると同時に、山々に降った猛烈な雨が許容量を超えて噴き出しました。あふれ出した水が、木々や土、泥を抱えて町へと流れ込んできたのです。地元ではこれを〝山津波〟と呼びます。海の津波はすべてをさらい、山の津波はすべてを残していく。流木が家屋をなぎ倒し、橋脚に引っかかって川の流れをせき止め、町全体をダムのような状態にしてしまったのです。


　私が会社に行けたのは、台風発生から3日目のことです。自宅から会社までは車を使えば30分ほどで行けますが、国道は寸断されていたので、山越えをする迂回路を使って2時間半の道のりを向かいました。道々で目にしたのは、乱雑に折り重なる流木や電柱、1階部分が土泥に覆われた家屋、泥に埋まってしまった稲穂、土砂に流入された牧草地……。

　じっとりと汗ばむ。気温はそれほど高くなかったものの、至る所に泥水が溜まっていたためか妙にムシムシとして、草いきれのこもったような、息苦しくてよどんだ空気が充満していました。

ようやく会社に辿り着きました。下道さんから状況は聞いていたものの、いざ、その光景を目にしたとき、言葉が出なかった。

ぐちゃぐちゃだった

何もかもが、ぐちゃぐちゃになっていました。

正面玄関に突き刺さった大木、横倒しになった看板、泥に埋まり屋根しか見えない車、ひしゃげたフェンス、どこからか流れてきた冷蔵庫や、箪笥(たんす)や、衣装ケースなどの家財道具、根っこをつけたままの大木から、幹から切り離されて行き場を失った薪ぐらいの太さの枝、濁流に巻き込まれて枯れ木のようになった無数の細い枝、そして黒っぽい土や泥が、あたり一面に堆積している。

車道から工場に向かおうとすると、足がズブリと泥に飲み込まれ、工場の近くに寄ることさえできませんでした。

小本川にほど近い第2工場、前年竣工したばかりの第3工場の窓は跡形もなく崩れ落ち、室内にまで泥や土が流れ込んでいました。事務所にあった書類も、棚も、機械類も、何もかもがなぎ倒され、すべてが水に浸かって茶色くうす汚れている。工場にある14基のステンレスタンクは変形し、それらをつないでいたパイプは寸断。ヨーグルトの充塡機にも泥がびっしりとこびりついていました。

不安に押し潰されそうになりながらヨーグルトの熟成庫に入ると、完成を待ちわびていたアルミパウチ入りの岩泉ヨーグルトが無残にも泥の中に埋もれている。

それを見たとき、心が音を立てて折れていった。


結果的に、工場の敷地一帯が地面から3メートルの高さまで水没。本社工場は2階部分を残して半壊し、小本川により近い第2工場と第3工場は、修理が不可能なほど壊滅的な被害を受けました。営業車やフォークリフトは廃車となり、軽保冷車にいたってはおよそ500メートル下流の林の中で半分土砂に埋まっていたといいます。

涙は出ませんでした。出なかった。あまりの惨状に、ただただ呆然とするばかりだった。

「社長……」

隣に立っていた下道さんも同じように、黙って工場を見ていました。

せっかく。

昨年やっと、累積赤字を解消して、ここまで建て直したのに。ヨーグルトの生産量を増やすために第3工場までつくったのに。先月は過去最高の売り上げをたたき出して喜んでいたのに。次はもっと上を目指そう、もっと会社の業績を伸ばそうと言っていたのに。

明るい未来が待っていると信じていた……のに。

「さすがに、だめかもな……」

私のつぶやきを聞いていたかどうか、下道さんは何も言いませんでした。

＊

1961（昭和36）年、三陸大火と呼ばれる山火事が発生。岩手の沿岸を焼き尽くした火事でした。焚き火の不始末が原因でしたが、悪しくも台風崩れの低気圧に伴って強風が発生し、たちまち林野に火災が広がり、大惨禍を招いたのです。

当時、私は5歳に満たない頃ですが、有芸の山々が赤く燃えていたのを覚えています。両親は牛を連れて川に入り、私たち姉弟（きょうだい）は近所のほかの家の子どもたちと一緒に、風上にある5～6キロ離れた隣地区まで歩いて逃げました。風が強くてガンガン飛んでくる小石から身を守るようにと、母が被せてくれた半纏（はんてん）をぎゅっと握りしめながら。避難所に着いた私は、あまりの心細さに泣き通しだったといいます。それを見かねて知らない女性がおんぶをして、あやしてくれました。その人の背中から、遠くの山がいつまでも赤く染まっているのを見ていました。鮮明に残っている、私の最初の記憶です。

自然の脅威は、はかりしれない。

飲み込まれてしまったら、立ち直ることなどそう簡単にできるものじゃない。いや、俺にこの状況から立ち上がることなど、できるだろうか。

正直、無理だと思いました。

＊

台風から数週間が経っても、片付けはまったく終わりません。流木や枝、ガラス、壊れた機材、プラスチックなど、それぞれが分別されて山積みにされ、それを搬出するためのトラックが行ったり来たりを繰り返す日々。

水はもう引いていましたが、残された泥は高さ20〜30センチメートル。水を含んでいるときはずっしりと重かったのに、水分が抜けた泥はコンクリートのようにカチカチに硬くなり、片付けようにも為す術がなかった。

撤去作業は遅々として進まない。これらすべてを片付けて、きれいに掃除して。もう一度、資金の調達をして、新しい工場をつくって、タンクや充填機を用意して……一からまた同じことをしなければならないのか。

それに、大事な情報が入ったパソコンも流された。創業からの歴史を物語る写真やデータも、赤いシールを貼り付けたあの地図も。取引先一社一社に対して、今後どのように営業をかけていくべきかということを分析し、考え抜いて作成した渾身の5カ年計画書も。これまで培ってきた、すべてが流されてしまった。

もう……ヨーグルトはつくれない……な……。

敷地内では、数名の社員たちが泥の撤去作業をしてくれていた。その姿を見たとき、

「この人たちに、いつ会社を閉めると伝えればいいんだろう」

そんなことばかりを考えていました。

金色の龍

所用があって、下道さんと二人で盛岡へと車を走らせていました。

国道はまだ復旧していませんでしたから、山道を抜けていかなければなりません。無言の車内にはＩＢＣのラジオだけが流れていた。

当時、私や下道さんはときどき『すっぴん土曜日』というラジオ番組に、岩泉乳業の代表として出演していましたから、なじみの局の放送が聞こえてくることだけが、そのときの私たちにとっては救いでした。

「ふぅ……」

深いため息が出る。胸の奥に鉛のように重くて、粘っこい泥のようなものが詰まっている感じがした。息苦しい。これから先のことを考えなくちゃいけないのに、体の中に空気を送り込むポンプが錆びてしまったのだろうか。心の風船はしぼんで思うようにふくらまない。酸素の足りない頭の中は真っ暗なままだった。

「プッッ……」

山越えをするあたりまで来ると、ラジオが途切れがちになりました。いつものことだとそのままにしていると

「プッッ……山下……プッッ……」

「……ん？」

ぼーっとしていた頭が、少しだけ反応しました。

「プッッ……山下社……」

ラジオから、自分の名前を呼ばれたような気がした。

「……今、俺の名前を言っていたような……」

山間で、電波が思うように届きません。途切れ途切れに聞こえてくるだけだったので、下道さんも

「いやいや、まさか、気のせいでしょう」と半信半疑。

「そうだよな……」

そんな会話をしながら、そのまま走っていると
「プッッ……岩泉ヨーグ……」

「待ってます……ヨーグルトの……プッッ…」

「おい、やっぱり、俺たちのことじゃないか？」

「プッッ……下道さんも……」

えっ、と下道さんも気がついたらしく、

「今、僕の名前を言ってましたよね。岩泉ヨーグルトって言いましたよね！」

二人で顔を見合わせました。

「戻れ！　電波が入るところまで、すぐに戻れ、戻れ！」

車をUターンさせてラジオの電波を探した。電波、電波、早く電波、入ってくれ！

「プッッ……」

電波の入る場所を探り当てて、声を拾いました。

聞こえてきたのは、岩泉ヨーグルトの復活を待ち望む声でした。

「岩泉ヨーグルトが大好きです」

「復活するのを待っています」

「大変だろうけど、待っている人がたくさんいますよ」

被災地である私たちが目にすることはほとんどありませんでしたが、メディアでは被害の様子が大々的に報じられていたようです。私たちの惨状を知った多くの方が応援のメッセージを寄せてくれたのです。

「待ってるよ！」

「山下社長、頑張って！」

その声がどんなに温かかったか。どんなに心の奥深くに響いたか。ラジオから聞こえた言葉にどれほど救われたか。

路肩に車を止めたまま、私たちは泣いた。

とても温かく、止めどもなく涙があふれて仕方なかった。

それだけではありません。会社には全国の消費者から1000通もの手紙が届きました。岩泉のヨーグルトの復活を待ち望んでくれる応援の手紙でした。北海道から九州まで、いろんな場所から、性別、年齢を問わず、多くの方が手紙をくれたのです。

その中の一通に、神奈川県の老人ホームで暮らす92歳の女性からの手紙がありました。いつも通販でヨーグルトを購入してくれている方で、

「私は高齢だから、もう、いつ食べられなくなるかも分からない。私のように、岩泉のヨーグルトを待ち望んでいる人がいっぱいいることを忘れずに、希望をもって頑張ってくださいね」

手紙の中には1日も早い生産の再開を願って1万円が同封されていました。

「こんなにも……」

社長になって7年、がむしゃらに走ってきて今はじめて、岩泉ヨーグルトが多くの方に届いていること、楽しまれていること、こんなにも、愛されているということを知りました。

私たちのヨーグルトを心待ちにしてくれている人がいる。

そんな声が届きはじめたある日のこと、泥かきをしていた一人の社員が息をは

ずませながら、駆け寄ってきました。

「社長、ありましたよ！」

手にもっていたのは金色に輝く龍。

取引先の会社からいただいた縁起物の龍であり、デスクの後ろにある本棚にいつも飾り、守り神のように大事にしていたものでした。あまりの悲惨な状況に、金の龍があったことすら忘れていた私ですが、

「スコップの先にカチッと何かが当たる音がしたんです。よく見たら、社長の大事にしている置物が出てきたんです」

それは、まさに真っ暗闇の絶望にさした一筋の光でした。

「俺は、何やっているんだ」

諦めている場合じゃない。希望をなくして、ぺちゃんこになっていた心の風船に、少しずつ新鮮な空気が入っていきました。

もう一度。岩泉ヨーグルトをつくらなければ。

いや、つくりたい。岩泉ヨーグルトをつくって、待っている人たちにもう一度、食べてほしい。

再建を決意したとき、はじめは自社で資金調達ができるくらいの、身の丈に合った再建を考えていました。これまでの5分の1ほどの規模にして、「岩泉ヨーグルト」と「岩泉のむヨーグルト」だけをつくろう、と。

このとき、意外なところから追い風が吹きました。

台風発生からおよそ1カ月後の10月頭に、当時首相をされていた安倍晋三さんが被災地に来られて、岩泉乳業を視察されることになり、私は説明役を務めることになりました。視察前、随行関係者からは「時間は10分です」と言われていました。「危険なので工場の中に首相を入れないでください」などと、注意を受けて、そのときにのぞみました。

「この工場が再開できずに困る人たちは、どなたですか?」

安倍さんにそうたずねられて、私は答えました。

「ヨーグルトのファンの方々です。もちろん、ここで働く社員も困りますが、一番は岩泉ヨーグルトを待ち望んでくれている人たちです」

「どのくらい、いらっしゃるんですか?」

「ネット販売の会員数にすると、およそ3万人です」

「そんなにいるんですか?」

そう言って驚かれていました。予定時間の10分を過ぎても、安倍さんは帰ろうとするどころか、工場のあちこちを積極的に見て回り、いろいろと話を聞いてくださいました。そして帰りがけに

「きっと、この会社が町の復興のシンボルになるんでしょうね」

その後の、国の動きは速かった。

早々に補正予算を決定し、被災前と同規模で復旧する見通しがついたのです。

10月18日の岩手日報では「岩泉乳業　来夏再開へ　経費29億円　国半額」といった報道がなされました。

「1年後に再開する」

そう言うと、役員会では

「そんな無茶な!」

「いくらなんでも1年後なんて無理ですよ」

そういった声が上がりましたが、

「でも、やる」と言い続けていました。

復活はスピード勝負です。なぜなら、ヨーグルトのような日配品はごまんとあって、日々入れ替わり続ける。時間が経てば経つほど、世の中から忘れ去られていくからです。東日本大震災のときに被害を受けたある会社が、同じように補助金を受けて再建したのが4年後のこと。でも、そのときにはもう遅かったという話を聞いていましたから、やるなら1日でも早くやらなければいけないと思っていました。

「本当にできるんですか？　製造ラインやタンクだってすべてが受注生産なんですよ。建設資材だって間に合うかどうか……」

そうした心配はもっともでした。私自身も、できるか、できないかということは、このときは分からなかった。何の根拠も、裏付けもありません。今、思えばひやひやものですが、そのときは本気でした。

「とにかくやるんです」

そう。ただ「やる」と決めたのです。11月にはＩＢＣラジオに出演し、リスナーに対して感謝の言葉を伝え、断言しました。

「もう少々お待ちください。必ず復活します！」


再開にあたり、もう一つ決めたことがありました。

「誰も解雇はしない」

およそ50名の社員の前で、そう宣言しました。誰一人辞めさせることなく、給料も払い続ける。

「だから、一緒に再開を迎えよう」

そのとき、誰もが驚いていました。

売る物など何もない。収益など上がらないのに、どうやって給料を払っていくのか……。再開したときに、改めて社員を募集すればいいのではないのか。そうした声も少なくはありませんでした。でも、

「それでは、だめなんだ」

社員それぞれに生活があります。路頭に迷わせるわけにはいきません。それに1年後に、工場が完成したら翌日からすぐにでもヨーグルトをつくれるようにし

ておきたかった。岩泉ヨーグルトづくりは職人仕事です。生乳について、ヨーグルトについて熟知していなければならないし、コンピューター管理もしていますから、それを使いこなせる技術者も必要になる。やり方を教えたからといって、すぐにできるわけではありませんから。

人はかけがえのない財産。決して、手放しちゃいけない。

その話を聞いた、茨城県の筑波乳業の梅澤弘（うめざわひろし）社長から「同じ乳業メーカーとして黙って見てはいられない」と嬉しい申し出がありました。

なんと、再開までうちの社員を10名ほど預かってくれるというのです。受け入れ期間中の給料や住居までも提供してくださるなど、手厚く対応していただいたのです。これは本当にありがたいことでした。町を出て大きな乳業メーカーの製造現場で働いた経験は何よりの宝物。社員たちをひとまわりも、ふたまわりも大きくしてくれました。

岩泉に残った社員たちには、まずは事務所や工場の掃除に取りかかってもらうことに。細かく仕切られている工場内から流木やがれきを運び出したり、コンクリートのように硬くなった泥のかき出し、機械類にこびりついた汚れを洗い落とし、使えそうな小物などを小本川にもって行ってジャブジャブと洗うなど、やることは山ほどありました。

また、社員たちには地域のボランティア活動にも取り組んでもらいました。高齢者や一人暮らしの方など、片付けがままならない家に行き、泥のかき出しや掃除をお手伝い。ほかにも、河川の掃除や田畑のがれき撤去、薪ストーブ用の薪割りや配達、支援物資の仕分け作業など、できることは何でもしました。

「おーい、遅いじゃないか」

朝の8時頃、工場の清掃作業に向かうと、ヘルメットを被って作業着を着た一人の男性が重機に乗って作業していました。

「こんなに朝早くから、誰だろう?」

見てみると、そこにいたのは、盛岡を拠点に50年以上の歴史を誇る岩手のトップ企業〝株式会社カガヤ〟会長(当時)の加賀谷輝雄さんでした。

同社は、東京ミッドタウンや虎ノ門ヒルズなど、重量鉄骨による建築鉄骨工事を数多く手がけてきた会社。いわば日本を代表する建築物の屋台骨を支える企業であり、小さな工場を先代から引き継ぎ、岩手を代表する会社を築き上げた凄腕です。

とあるご縁でご挨拶をさせていただいて、すぐに意気投合。知り合った当初も実業家として優れた人物であることは承知していましたが、お付き合いをさせていただくほどに、抜群の経営センスと先見性、そして温かく人情味のある人柄に魅了されました。私が心から尊敬する〝日本最後のがんこ親父〟です。

台風後に国道が開通すると、会長が自分の車で夜明け前から日参し、撤去作業を手伝ってくれたのです。

「やるからには、徹底的にやらなきゃだめだ」

1年で工場を再開するという私の意を全面的に肯定し、協力してくれたのも加賀谷さんでした。建設資材の調達や工場の建設に一役も二役もかってくれた。人員も優先的に投入してもらい、休日返上で工事を進めてくれたことには本当に頭が下がりました。

さらに台風前に、加賀谷さんから6月に発売したばかりの「龍泉洞の化粧水」

を「ゴルフコンペの景品にしたいから数百本用意してほしい」との依頼を受けていました。

でも、台風に巻き込まれて化粧水は泥だらけの状態。透明フィルムで包んであるため、中身はそのまま無事ですが、汚れてしまったものを売るわけにもいきません。

「すみません、泥だらけになってしまったので、すぐにはご用意ができません」

そう言うと、

「でも、中身は変わらないんだろう？　まわりの泥を洗い落としてもらえれば大丈夫だよ。ある物全部もってきてよ」

と、在庫のすべてを引き取ってくださったのです。

数名の女性社員たちが、泥だらけになった化粧水を沢からの湧き水で洗い流していきました。湧き水は透明で、心地良く冷たい。太陽の光を受けてキラキラと輝いていました。泥を落としながら、「この化粧水があって良かったね」「本当よね」などと楽しげに笑い合う彼女たちの表情はとても明るく、水面と同じようにキラキラしていた。

加賀谷会長に購入いただいた化粧水が評判になったらしく、「もっとつくれないの？」との連絡が。幸い、化粧水をつくる工場は神奈川県にありましたから、「できます」ということで急遽生産量を増やしました。

とにかく加賀谷さんは顔が広い。いくつもの取引先を紹介してもらい、ときにはトラックに化粧水を積んで、銀行や車のディーラーなどお付き合いのあるところに一緒に行って「龍泉洞の化粧水」を直接販売。結果的に2万本も売り上げることができました。

誰一人、解雇はしないと大見得を切ったはいいものの、プールしてあるお金だけでは1年間はもたないだろうと思っていた私にとって、化粧水から上がる収益は恵みの雨。九死に一生を得たようなものでした。

涙のヨーグルト工場まつり

さまざまな支援や応援、県内外から来てくれたたくさんのボランティアの方々のおかげもあって、私も社員たちもみんながモチベーションを維持しながら再開に向かうことができました。

2017（平成29）年9月。2016年の台風10号から、1年と1カ月後に新しい第2工場が完成。驚異的なスピードで建物や設備、備品を製造してくださったすべての方々に、この場を借りて改めて御礼を申し上げます。

新工場の落成翌日には、再稼働に感謝を込めて「第3回岩泉ヨーグルト工場まつり」を開催しました。

これは2014（平成26）年から行ってきた行事の一つ。もともとは経営難で会社の存続が難しくなっていたとき、地域のみなさまによって結成された〝岩泉乳業応援隊〟への御礼の会としてホテルなどではじめたものですが、いつの間にか人数が増えていき、それならより多くの方々にも楽しんでもらおうということで、〝おまつり〟というかたちで開催するようになりました。

その日も例年と同じように、さまざまな催し物を用意。IBCラジオの公開放送から、久慈まめぶ汁、北上（きたかみ）コロッケ、岩泉ならではの炭坑ホルモン鍋まで。

多彩な郷土料理が出店されるほか、地元食材のマルシェ、利きヨーグルト大会や、のむヨーグルト早飲み大会まで、再出発に相応しいおまつりになるように準備しました。

一番の目玉は、台風以降、製造することができなかった「岩泉ヨーグルト」。10月上旬の一般販売に先がけて、いち早く購入できるよう、1kgタイプを5000個用意しました。

「みんな来てくれるだろうか……」

正直、不安でした。

覚えていてくれるだろうか。もう、岩泉ヨーグルトのことなど忘れてしまっているのではないか、気にも留められてないのでは……。

しかし、そんな心配は無用でした。

会場となる広場には、開場前から多くの方が。当日の来場者はなんと4000人！　町民はもちろん県内外から、わざわざ足を運んでくださる方もいました。岩泉ヨーグルトの販売ブースには長蛇の列ができ、お買い上げいただくまでに30分以上かかる人気ぶり。一人で3袋、5袋、多い方は20袋も購入し、「親戚に配るよ」「友達に送ってあげるんだ」と話してくれました。対応したスタッフたちも「ありがとうございます」「お待たせいたしました」と嬉しそうな顔をしていたのを見て、私も胸がいっぱいでした。

ＩＢＣラジオの公開放送では、私もゲストとして登場。いつものように調子良く話していましたが、目の前にいるたくさんのお客様の中に、手づくりの団扇をもっている方々がいました。そこに書かれていたのは、

〝待ってました☆〟

〝お帰りなさい！〟

ひらひらと振られる団扇の、その文字を目にしたとき、胸が熱くなり、言葉に詰まりました。ラジオ放送ですから、何かを話さなければいけないのに、これまでの苦しみや辛さ、やるせなさといった思いから、喜びや嬉しさや、感謝といったいろいろな思いが一気にこみ上げてきて……言葉が出てこなかった。

再開できて、本当に良かった。

おまつりに来てくれているお客様の楽しそうな姿を、私は、ただただ、見つめていました。

＊

「岩泉の酪農家のみなさんは幸せですね」

台風後、新工場の再開を取材に来ていたマスコミの女性が、そんなことを言っていました。

「どうしてそう思うんですか？」

その方は北海道の生まれであり、ご実家は酪農家だといいます。

「私の両親も、頑張って乳牛を育てて、毎日ミルクを搾っていますけど、自分たちの搾ったミルクが、どんなふうに使われているのか、一体何になっているのかも分かっていないんです」

かつての、岩泉と同じだと思いました。

「でも、ここでは自分たちの搾ったミルクが岩泉乳業で大切に使われている。こんなふうに復活を待ち望まれるようなヨーグルトになっているんですよね。それって、とても幸せなことだと思うんです」

見上げるとすっきり澄みわたるようなスカイブルー。宇霊羅山が、誇らしそうに立っています。

継　未来へのバトン

いくつかの大切なこと

2016（平成26）年の台風10号から早いもので7年のときが経ちました。

2019（令和元）年には、岩泉乳業株式会社と、株式会社岩泉産業開発、そして岩泉ホールディングス株式会社が合併して、岩泉ホールディングス株式会社となり、さらに、岩泉の地域産業をより活性化すべく、株式会社岩泉きのこ産業と株式会社岩泉総合観光が完全子会社になりました。

2023年には、グループ全体の総売上は約29・5億円、およそ300名の社員を抱える会社となっています。

2億8000万円という累積赤字を背負っていた山奥の小さな会社が、どうしてそんなに大きな進化を遂げたのか、どうして10年で売り上げが10倍になったのか。そもそも、失敗しがちな第三セクターにおいて、ここまで成功した秘訣は何なのかなどと、さまざまな方面からお問い合わせいただき、講演を依頼されることも多くなりました。

社長就任の頃お世話になった八重樫さんには、「天狗になるな。社長としての実務をこなせ！」と怒られそうですが、講演会を行えば、おのずと岩泉ヨーグルトの名前が世に出ることになりますから、一つのチャンスととらえてできうる限り、受けるようにしています。

少し、〝社長〟という立場において大切にしていることをお話ししたいと思います。先に申し上げたように私はまったくの素人でした。社長になるまで、経営について学んだことがなく、マーケティングの勉強をしたことなど一度もなかった。ですから、教科書に書いてあるようなノウハウやビジネス戦略といったことをお話しすることはできません。

それでも、岩泉乳業の社長という仕事に、覚悟をもって取り組んできました。

ときに右往左往して道に迷い、ときに倒れそうになりながらも、なんとか踏ん張り続けてきました。

そうした道のりの中で気がついたこと、会社を守り繁栄させるために、私なりに考えて実践してきたことを、自分自身の備忘録として、そして新しい未来を創る誰かの手がかりになるように、ここに一度、まとめておこうと思います。

生み続ける

岩泉乳業には「岩泉ヨーグルト」という確固たる主力製品がありますが、私は商品に〝絶対〟はないと思っています。

お客様が選び続けてくれることもあれば、いつしか飽きて、淘汰されることもある。それに、その商品がいつ何時(なんどき)製造できなくなるかもしれないという不安もあります。これは災害に見舞われたときに、身をもって体験したことです。もし、あのとき「龍泉洞の化粧水」を製造していなかったら、どうなっていたか。考えただけでもゾッとします。ひょっとすると、復活を果たすことなどできなかったかもしれません。

そう考えると、一つの商品を大切に育てつつも、決して固執することなく別の何かをつくらなければならない。視野を広げ時代の流れを読み取りながら、常に新しいものを生み出していかなければいけません。

我々のような中小企業が製品を生み出すときに重要なのは、大企業と同じ土俵には決して乗らないことです。

かつての牛乳の販売で辛酸をなめてきたからこそ分かるのですが、大手と同じことをやっても絶対に勝てません。勝ち目はない。戦おうとすれば価格や量の競争になり、経費削減やコストダウンといったことに重きを置かざるを得なくなります。

そうした窮屈な状況になれば、第一次産業である酪農家も、第二次・第三次産業を担う私たち製造・販売の現場も疲弊するだけ。六次産業化に成功は訪れません。

でも、逆に言えば大企業にはできないことが私たちにはできます。

中小企業だからこそできること、もっと言えば、山奥にある岩泉の小さな会社でなければ、できないことがある。

「岩泉ヨーグルト」に関していえば、岩泉を中心とした岩手県産の生乳だけを原料に使用すること、それを新鮮な生乳のまま大事に使えることなどの地の利があります。そして発酵に20時間もかかるような原始的とも言える低温長時間発酵製法を採用することは、時間的にもコスト的にも、大手企業では難しいのかもしれません。

以前、大手乳業メーカーの会長が岩泉乳業にわざわざいらしたことがあります。その会社は日本では誰もが知っているおなじみのヨーグルトを販売している会社ですが、その会長が

「どうしても『岩泉ヨーグルト』のことが気になっちゃって」

と、独特の食感や味わいがどのようにして生まれるのかそれが知りたくて、秘書の方と二人で、盛岡駅からタクシーでやってきました。

工場見学をしながら、原料のこと、製造のこと、アルミパウチによる効果などをお話しすると「岩泉ヨーグルトはなかなか他社では真似できない。贅沢なつくり方で、同じ製造者としてうらやましい。これからも大事につくってくださいね」と言って帰っていかれました。

それを聞いたとき私は「これまでやってきたことは間違ってなかったんだな」と思ったものです。

もちろん、新しいものづくりには失敗はつきものです。これまで開発してきた商品の成功率は、およそ5割といったところでしょうか。

岩泉の地域資源を生かしながら、岩泉ならではの商品をつくるのは簡単なことではありませんが、それでも岩泉の牛乳を使った「岩泉発酵クリーム」や「岩泉パニールチーズ」、「岩泉クリームシチュー」なども評判は上々。新鮮な生乳を生かした濃厚な味わいが好まれています。

2020（令和2）年の7月には「V・iTO×IWAIZUMI（ヴィトクロスイワイズミ）」を展開しましたが、おかげさまでこちらも人気。

V・iTOは東京に本社を置く本格イタリアンジェラートブランドです。イタリアの伝統的な製法を用い、素材を大切にしながら、繊細でなめらかな味わいを生み出す技術を独自に開発し、全国で展開しています。

そうした製法はそのままに、岩手の新鮮な生乳を使用することはもちろん、岩泉ヨーグルトや田野畑や野田の海水塩、ブルーベリーやイチゴ、岩泉で採れる季節の果物など、岩手産の厳選食材を使ったオリジナルメニューを用意して、「道の駅いわいずみ」の中に「イタリアンジェラートカフェ　V・iTO×IWAIZUMI」をオープンしました。

業務提携をお願いしたとき、「岩手の山奥でジェラートなんて売れるんですか？」と質問を受けましたが、私には自信がありました。なぜなら、イタリアンジェラートカフェV・iTO　JAPANの東北への参入は初の試みでしたし、ましてや、こんなに美味しいとなれば、食べた人はきっとまわりの人に言いたくなるだろうと考えたのです。

読みは当たりました。休日にもなれば長蛇の列。岩手県内のみならず、その評判を聞きつけた方が、青森や宮城からも足を運んでくれて、年間8万人を呼ぶまでになっています。

もちろん、道の駅は町民たちの憩いの場。畑仕事をしたおばあちゃんが野良着のまま、長靴をはいて「仕事の後は、これよ」なんて言いながらジェラートを頬張ってくれている姿を見ると、本当に嬉しくなっちゃいます。

2022(令和4)年にはジェラート専用のアトリエが完成しました。岩泉町外に向けて販路の拡大を目指すだけでなく、2024年、盛岡に新しくできる複合商業施設「monaka」にも出店を予定するなど、これからがますます楽しみな商品に育ってくれました。

直感を鍛える

経営者は、常に判断を求められます。

経営方針やビジョンといった大きなものから、新商品の方向性をはじめ、発売のタイミング、宣伝文句、社内の人事に至るまで。多岐にわたるさまざまなことを判断しなければなりません。

経営やマーケティングに関して素人だった私が、これらを、どんなふうに見極めてきたのか。

簡単に言うなら直感です。

私は直感を頼りにして、決めてきたような気がします。これはいける、これはまだ早いといったことを、感覚的にとらえて、ピンときたことに重きを置くということを、一つの指針にしてきました。

直感などと言うと、特別なことのように感じるかもしれませんが、そんなことはありません。そもそも人間は誰しも直感をもっています。ただ、それに気がついていないだけ。ピンとくるアンテナみたいなものを、上手に使えていないだけだと思うのです。

私が考える直感を鍛える方法は「しっかりとものごとを見ること」にあります。自分の目できちんと見ること。ときに触れ、ときには食べるなどして、しっかりと観察しながら、自分なりに情報収集をするということです。きっかけはテレビやインターネットの情報かもしれませんが、興味をもったら自分の目で見ないと気が済まないたちでもあるので、気になることがあると、すぐにでも足を運びます。おかげで私は、社員たちに「会社にいない社長」と呼ばれていますが、話題あるところには理由がある。人の情報をそのまま鵜呑みにするのではなく、自分の目で直接見たうえで確かめます。実際に見てみるとがっかりすることもあれば、新しい発見をもたらしてくれることもあります。

それを見て、どのようにとらえてどう感じたのかをストックしていくことが本当の情報収集であり、大切なことなのだと思っています。

こうした実地を繰り返していると、「これはいける」というものごとや、「仕掛けるタイミング」などが見えてくることがあります。

先にお話しした「V・iTO」もその一つ。同店は東京・渋谷にある109という若者向けのファッションビル内にも入っていますが、たまたま中目黒店の前を通ったとき、なんだか気になって仕方がありませんでした。客層は高校生くらいの若者ばかり。そんな中に、60歳を超えたおじさんが一人で入って行ってジェラートを頼むわけですから目立たないわけがありませんが、どうしても気になったので入ってみることに。そして、ジェラートの美味しさに感銘を受けた私は、このお店を経営している方に会ってみたい！と思いました。

東北にはまだV・iTO JAPANはなく、岩泉にはジェラートを美味しくする素材がたくさんある。地域の目玉の一つになるに違いない、と直感したのです。

決定権のある人間が現場に足を運ぶというのは、スピード重視なこの世界においてとても有利なこと。大手企業だと報告書や企画書をまとめて、上司に通し、その後に役員会での決裁を待たなければならないなど、とにかく時間がかかりますが、うちのような小さな会社なら即断即決できるというメリットがあります。その分、社員がいきなりの展開に驚いていたということは、言うまでもありませんが……。

情報収集の手段として、私が大事にしていることがもう一つあります。

それは良きパートナーと呼べる仲間をつくること。仲間といって恐縮ですが、先に登場した株式会社カガヤの会長であった加賀谷輝雄さんは生き方そのものを手本にさせてもらっている大先輩であり、IBC岩手放送の代表取締役会長の鎌田英樹（たひでき）さんは人との付き合い方や言葉遣いなど、高いコミュニケーション能力やユーモアあふれる人柄をお持ちで、二人とも大事な遊び（飲み）友達でもあります。さらにオキ・ホールディングスの隠岐康さんとフォレスト工房の中村道郎さん。数々の困難も喜びも分かち合うだけでなく、大事な気づきを与えてくれる方たち。前を向く勇気をいただけます。

加賀谷さんから言われたことがあります。

「時代の流れにのるコツは、好奇心ですよ」

職種は違えども、世の中を知り未来を見据えている方々と話をすると、机上では決して分からない現場感が見えてくる。市場では何が動いているのか、どんな傾向があるのかといった流れから、会社という組織において必要なこと、一人の人間として大事なことは何なのか。ときには悩み相談をしたりして、多くのことを学ばせてもらっています。

パートナーがもたらしてくれる情報や知恵はかけがえのない財産です。その言葉を受け止めて、真似てみるもよし、反面教師にするもよし。自分なりのオリジナリティを絡めていきながら、本当の意味で〝自分の情報〟にできればいいと考えています。

＊

良い会社とは？

そんな問いに対して、加賀谷さんの答えは
「辞めたくない会社」

辞めたくない理由はいろいろあるでしょう。会社の姿勢が好きだから、達成感を味わいたい、好奇心を満たしたい、あの社長がいるからなど、モチベーションを維持する理由は何でもいい。とにかく、

「辞めたくないほど面白い。そう思わせる会社こそ、本当に良い会社なんじゃないでしょうか」

岩泉ホールディングスも、そういう会社でありたいものです。

嫌いな人ほど好きになれ

仕事上、いろいろな人とお会いする機会があります。

合う人も入れば、合わない人もいるし、好きな人もいれば、苦手な人も当然ながらいるでしょう。不得意な人とはあまり付き合いたくはないけれど、取引先の相手だったりすると、そうも言ってはいられない。

社内で社員同士のゴタゴタが起きたときにも「苦手な人と付き合うためには、どうすればいいですか」といった相談を受けることがあります。

そんなとき、私が言うのは「相手の良いところを見つけてごらん」ということ。苦手が9割だとしても、1割はきっと良いところがある。その1割だけに集中して相手を見るようにしたらいい、と。

良いところとは、たとえば「企画書の文字がきれい」だったり、「姿勢がすごく良いよね」といったことでいい。仕事とは関係のない、ちょっとしたことでいいんです。で、１割の良いところを見つけたら、それを口に出して相手に言ってあげるんです。「文字がきれいだね。私にはそんなふうに書けないからうらやましい」「姿勢の良さをキープするコツがあるの?」というように。

誰しも、褒められたら嬉しいでしょう。それがたとえ苦手な相手からの褒め言葉であったとしても、気分は良くなるはずです。

中には、自分から声をかけたくないと思う人がいるかもしれませんが、そんなことをしていて何の得があるのでしょう? 喧嘩をしたときでも「相手より先に謝ったほうがいい」と私は思います。お金がかかるわけでも、何かが減るわけでもありませんよね。逆に仲違いをしたままで良いことなんて一つもありません。ストレスはかかるし、まわりの人にも迷惑がかかります。仕事に支障が出ることになったら、それこそ損することになりかねない。

要は、気持ちの問題です。嫌いな人ほど好きになる、そんな気持ちでいたほうが、なにかと得策。スムーズにものごとが運ぶと思います。

とはいえ、私自身が最初からそんなことができていたのかと問われると、そうではありません。昔の私を知る人からすれば、今の私はまったくの別人だと驚く人もいるでしょう。

今はどちらかというと、人当たりの良い、柔和なタイプと思われていますが、昔は違いました。苦手な人は苦手。嫌いな人とはあえて口をきかないような面倒くさいタイプでした。それこそ岩泉乳業に移る直前はＪＡという大きな組織の中のセンター長だったこともあり、偉そうな態度をとっていたこともあるかもしれない。自分が直接お金儲けをしなくても、潰れる心配はありませんから、自分の好きなように振る舞っていたように思います。

ところが岩泉乳業の社長になったとき。

業界内では後発の乳業メーカーなど相手にされず、スーパーなどの取引先からも邪険に扱われるなど、ひどい目に遭いましたから、嫌な人や苦手な人もたくさんいました。でも、私が稼がないとお金は1円たりとも入ってきません。嫌な人がいるからといって、ふてくされて喧嘩をしても、1円の得にもならない。社員を守るためには、岩泉ヨーグルトを置いてもらうしかない。

そう思ったとき、私は考え方をガラリと切り替えました。

〝無益な争いはしない〟。今で言うところのアンガーマネージメントでしょうか。怒りをぶつけたり、喧嘩をしても何の得もありません。生産性など1ミリもありませんから、無駄に争わないようにしようと、自分をシフトチェンジ。このとき役に立ったのが〝嫌いな人ほど好きになってみよう〟という考え方だったのです。

取引先に行ったとき、私はものすごく頭を下げます。一緒に行った社員がびっくりするくらい平身低頭で「ありがとうございます!!」とご挨拶をします。心からそんなふうにしていたら、不思議なことに苦手と思う人が減ってきましたし、相手からも好かれるようになったような気がしています。


自分をコントロールするのにお金はいりません。そして自分を変えることができるのは他人ではなく、自分だけです。大事なことは、いかに自分自身がご機嫌に仕事をするか。それができたら、仕事はもっと楽しく充実したものになると思います。

義理と未来

私は、あまり声を荒らげて怒るタイプではありませんが、たとえば社員が義理を欠いたことをすると激怒します。以前、こんなことがありました。

取引額はさほど大きくないものの、昔からお付き合いのある大事な取引先（A）がありました。2016（平成28）年の台風10号のときにも、とてもお世話になったお相手です。

そして一方で、かなり大きな金額が動きそうな取引先（B）が新しく決まりそうでした。

Aさんはいつも通りの納品を希望され、Bさんは少し急いでいるようで、すぐにでもヨーグルトを納品してほしいとのことでした。でも、Bさんにヨーグルトを納品すると、Aさんに納品する分が足りなくなり、お待たせすることになります。反対にAさんに納品すると、Bさんへの納品日は希望に添うことができず、結果として、その契約はなしになってしまうかもしれない。

そんな状況になったら、みなさんはどうしますか？

ある社員はBさんを優先しようとしました。当然、売上額を考えてのことだというのは分かりますが、

「それは違うだろう!?」

私が声を荒らげたのは、ここです。

苦しい時代を助けてもらったAさんを、Bさんという新規顧客のためにないがしろにしていいわけがありません。もしAさんへの取引を優先したことで、Bさんとの契約がご破算になったとしても、それは仕方のないことだと思っています。

こういう事態が生じたとき、私は誤魔化すことなく、すべてを取引先の方々にお話しするようにしています。

「台風のときに、Aさんにはさんざんお世話になりました。この方たちのおかげで今がありますから、先にAさんに販売します。Bさんには少々、お待ちいただ

くことになりますが、それでもかまいませんか？」と。

正直にお話しすると、たいていの方は納得してくださいます。

義理も人情も、自分自身に返ってくる。義理を欠けば、相手との信頼関係は築けませんし、信頼のないところに、明るくて豊かな未来は決して拓かれることはないのです。

ちなみに、一つ前の項目で「嫌いな人ほど好きになれ」とお話ししましたが、義理を欠く人や約束を反故にする人、裏切る人、つまり信頼できない人とは、無理して付き合う必要はないと思っています。

社員への投資は惜しまない

妻に言わせると、私は「案外ケチ」なんだそうですが、社員にはできるだけお金をかけたいと考えています。

会社にとって一番大事なのは〝人〟です。

商品はもちろん大事ですが、人がいないと商品はつくれないし、商品がなければ企業として成り立たない。人が動いてくれないと、結局のところ何もできませんから。社員にかけるお金はコストではなく、投資といえます。

たとえば、海外で行われるモンドセレクションの授賞式には、社員数名を連れていくようにしています。モンドセレクションとは、ベルギー政府と欧州共同体（EC）によって開設された国際評価機関。商品の品質向上を目的に設立され、

〝世界食品オリンピック〟とも呼ばれています。

日本初のアルミパウチヨーグルトが世界で通用することを確かめるため、また類似品との差別化を図り、岩泉乳業ブランドを確立するために、2011(平成23)年からこれに参加。おかげさまでエントリー以来、連続して〝金賞〟を受賞するという栄誉を得ています。受賞者は、その授賞式に呼ばれてトロフィーをもらったりするのですが、その授賞式には必ず社員に同行してもらいます。

開催地はギリシャの首都・アテネや、ハンガリーのブダペスト、スペインのバレンシアなど毎年異なり、旅費は1人50万円ほどかかりますから、「無理して連れていかなくてもいいのではないか」という声が役員会から上がりますが、私が社員をわざわざ連れていくのは、単に観光をさせるためではありません。

〝世界〟というものを、自分自身の体験として知ってほしいからです。

会場には、モンドセレクションで認められた世界中の商品が並んでいます。それこそ世界1周をしなくても、各地の優秀な商品が拝めるわけですから、こんなにおトクなことはありません。選ばれた商品を見ることで感性が刺激され、目を養うことができます。直接触れることによって、内容やパッケージデザインなどを学び、世界の流行などを肌で感じることができる。情報収集をする上で、これほど魅力的な現場はありません。

でも、私が社員を連れていく一番の狙いは、ほかにあります。

広い世界において、自分たちの会社の商品が認められているということを実感してほしい。日本という、世界的に見たら小さな島国の、さらに東北地方に位置する岩手県の、山奥の小さな町にある自分たちの会社が、世界に胸を張ることのできる会社であることを認識してほしい。自分たちのやっていることに誇りをもってほしい。

実際に、モンドセレクションから帰ってきた社員たちの表情はガラリと変わります。世界を見て刺激されるのでしょう。仕事に対するモチベーションが上がり、働き方にも変化があらわれた。そうした様子を目にした役員たちは、それからは何も言わなくなりました。

社員が何か資格を取得したいときには支援をします。会社に関係のないことでもいい。勉強をしたいという熱意があれば、そこに投資をしますし、ほかにもマネージメント講習や経営者セミナー、ビジネスコンサルタント監修による次世代リーダー育成研修会なども実施しています。

時代の流れとともに必要なスキルや知識を学び、固定概念に囚われることなく、自由な発想でこれからを切り開いていってほしい。自分たちで創り上げるという強い意識をもって取り組んでほしい。これから先の10年、15年を支えるためには、そんな社員の力が必要不可欠なのですから。

「まぁ、いいか」は恐ろしい

すべてに通ずることですが「まぁ、いいか」と思うことほど怖いものはない。とくに味にこだわる食品業界において「まぁ、いいか」はときに致命的なダメージにつながります。

ヨーグルトの製造をしていると、ごく稀に「この仕上がりはいつもと少し違う」と思うようなものができることがあります。

製造工程をさかのぼって調べていくと、温度帯や時間など、マニュアルからほんの少し外れていたことが判明しました。仕上がりは本当に少しの差異があるだけ。製造側の人間か、相当に舌の肥えた人にしか分からないような違いですから、

「まぁ、いいか」と提供してしまう会社もあるでしょう。

我が社では「まぁ、いいか」は絶対にNGです。なぜなら、マニュアルから外れた時点でうちの商品ではないからです。たとえ味わいが変わらなかったとしても、です。悲しくてやりきれませんが、タンク1本をそのまま破棄することになります。

味や製法に徹底してこだわるのは、いつもの味を求めてくださるお客様とのお約束。それを裏切るわけにはいかないのです。

もし、「まぁ、いいか」を一度でも許容してしまえば、どこまでも「まぁ、いいか」は続くことになりかねない。はじめは小さな「まぁ、いいか」でも、繰り返すことによって、大きな「まぁ、いいか」になり、気がついたときには「まぁ、いいか」とは言えないほどに大きな差異になってしまう。それはとても恐ろしいことです。

こうしたことを守ってきたおかげか、岩泉ヨーグルトは繊細な味覚をおもちの食のプロからも認められています。

東京・赤坂にある格式高き老舗「ホテルニューオータニ」の総料理長である中島眞介さんは、岩泉ヨーグルトを「別格のヨーグルト」と評し、健康と発酵をテーマにした究極の朝食ビュッフェ〝新・最強の朝食〟にも採用してくれました。

また最近では、全国に30店舗を構える世界的に有名なブーランジェリー「メゾンカイザー」代表の木村周一郎さんも、岩泉ヨーグルトを気に入ってくださり、新商品を生み出す材料の一つとして取り入れてくれています。

良いマナーは世界に通ず

マナーと言っても、難しいことではありません。

たとえば「挨拶」。人間関係において、あたりまえのことの一つですが、岩泉ホールディングスの社員が守るべき大事なマナーとして徹底しています。

会社の廊下をすれ違うときには、必ず挨拶をします。おつかれさま、こんにちは、お元気ですか。とにかく声をかけ合う。

社員同士はもちろん、お客様がいらしたときも無言ですれ違うことはありません。いらっしゃいませ、こんにちはと声をかけます。

さらに、お客様が来社されたとき。社員は玄関に行って、お客様が脱いだ靴をきちんと揃えます。トイレのスリッパもそうです。自分たちが使った後も、脱ぎっぱなしにするのではなく、次の人のことを考えて整えておくことをマナーにしています。

ちょっとしたことですが、そのほうが、気持ち良いと思うからです。

以前、取引先の会社にお邪魔したとき、私が事務所に入ると、そこにいたすべての社員がパッと椅子から立って「こんにちは」と挨拶をしてくれました。それがとても爽快で気持ち良かった。そして帰るときにも立ち上がり「ありがとうございました」と言ってくれるのです。

またアポイントを取ってその会社に行くと、壁には〝本日のお客様　岩泉ホールディングス様〟と書いてあって、こうした心遣いが嬉しい、良い会社だなと思いました。その会社は業績もぐんぐんと伸びています。

一方、あまり経営状態の良くない会社を訪れると、社員には活気がなく、すれ違っても挨拶をしてくれないどころか、目も合わせてくれません。よく見ると部屋の隅にほこりが溜まっていたりして……。会社全体が、なんとなく重苦しくて暗い雰囲気であることが多いような気がします。

岩泉乳業、岩泉産業開発、岩泉ホールディングスが合併して、岩泉ホールディングスになったとき、岩泉にある2つの道の駅も管轄するようになりました。

このときも、まず見直したのがスタッフのマナー。

サービス業ですから、よりコミュニケーションや接客のスキルが必要になりますが、それまでは接客の仕方がバラバラ。挨拶もできたり、できなかったり。お客様が来店しても対応が不十分だったり、無愛想だったりなど、とにかく気持ちが良くありませんでした。

群馬県にある道の駅「川場(かわば)田園プラザ」には年間120万人もが来場するといいます。視察に出かけると、なるほど納得。1日過ごせるテーマパークとして充実した設備があることはもちろんですが、従業員の対応が本当に洗練されていて、気持ち良かった。スタッフの教育が徹底している、東京ディズニーランドに行くと、大人も子どもも自然と顔がほころぶでしょう。そして、また遊びに行きたいと思うでしょう?

大切なのは、そこです。接客とは、岩泉町だけで通用するものでなく、町外の人、ひいては世界中の人にとって快適なものでなければならないと、改めて思います。

ちなみに私はというと、お会いした人には積極的に声をかけます。

会社に設置してある自動販売機にジュース類を補充してくれる業者の人にだって時間が許す限り、話しかけます。

「新商品が入ったね。評判はどうですか？」

「ご苦労様です。いつもありがとうね」

私としてはあたりまえのことをしているだけですが、業者の方にとっては驚きのことらしく、

「山下社長って、珍しいタイプですよね」

そう言われました。理由を聞くと、

「わざわざ僕らみたいな業者の人間に、挨拶してくれる社長なんていませんよ」

たいていの場合、無視されるか、邪険に扱われることが多いとか。そんな彼らですから、「社長自らが挨拶をしてくれた」「自分のことをねぎらってくれた」と

いうことを、いろいろなところで話してくれる。拡散してくれるんです。図らずも、彼ら一人ひとりが宣伝マンになってくれるというわけです。

世界に通ずとは、こういうことでもあります。

言ってしまえば、みんな、つながっている。顔を見たことがない人も、会ったことのない人でも、誰かが、誰かとつながっていて、どこでどうつながるのか分からない。自分の知らないところで知らない人同士がつながって、回り回って自分につながることもよくある話。良きマナーを身につけておくに越したことはないのです。

社長の仕事

年に一度、社員を一堂に集め、意思を統一するために訓示をする機会を設けますが、大きな会場に100人以上がずらりと並んでいる様子を前にすると、私はいつも震えます。

目の前にいるこの人たち全員を路頭に迷わせるわけにはいかない、生活を守るためには頑張らなければいけない、と改めて襟を正すような気持ちになるのです。

社員を鼓舞するための総会ではあるものの、実は、自分の気持ちを新たに奮い立たせるための場でもあります。

社長の仕事とは、5年先の会社をイメージすること。

〝今〟が良いだけではだめで、来年も、再来年も、その先も、この会社が生き残り、さらなる発展を遂げるためには、常に、この会社がどのようになるべきか、理想の姿をイメージしながら進むこと。目的とするラインを定め、クリアするためには、どんな手段があるのかを模索し、どんなスピードで進むべきかを考える。時代の流れや速さを読みつつ、目的地に向かって道筋をつけていくのが社長の仕事です。

経営者には、不安や恐れがつきまとうもの。そうした懸念を払拭するためにも、未来を見据えて動くことが、社長に求められる使命だと思っています。

そして、目標とする未来に向けて一緒に進んでくれているのが社員です。目的地に辿り着くことは、そう簡単なことではありません。労力や時間がかかることはもちろん、ときには忍耐や我慢なども必要になってくる。困難を乗りきるための知恵やアイデアを求められることもあるでしょう。目的地に向けて、〝今、やるべきことをしっかりやる〟ことが、いわば社員の仕事です。

たとえるなら社長は船長で、社員はクルーでしょうか。

船長が目的地を決めます。そこに向かってクルーたちは舵を取り、風を読んで、帆を開き、航路を見極めて進んでいく。ある人はエンジンのメンテナンスを行い、ある人は船外との通信を担い、またある人はクルーの食事をつくるなどして、滞りなく航海が進むようにしてくれる。

もちろん会社の経営という航海は、いつも穏やかな凪に恵まれるわけではありません。晴天のときもあれば、雨や雪、嵐に行く手を阻まれることもある。

そんなときでも、私や社員のみんなが、5年後に見据えた目的地のイメージを共有し、同じ温度感やモチベーションをもって進むことができたなら。私たちは大海原を悠々と進むことができる。そう、思っています。

最後に。

社長という仕事は、孤独になりがちと言われます。

私もそう思う時期がありました。責任はすべて自分にあって、誰も助けてなどくれない、私は常にひとりぼっちであると思っていたことが。

でも、今は分かります。自分は決して一人ではありません。

まわりを見てみると、助けてくれる人がたくさんいます。話を親身に聞いてくれる人や、バカな話ができる仲間がいます。

どうして自分が孤独などと思っていたのか。今思うと、それはきっと、自分が一人で頑張っていると勘違いをしていたから。自分以外がまったく見えていなかったからです。おかしなことに、自分で自分を孤独にして、暗くて硬い殻に閉じ込めていたのです。

それに気がついてからは、私はすべてをオープンにするようにしました。

たとえば、私は社長室をもちません。大きなフロアの端っこにデスクを設け、社員のみんなと一緒にいるようにしています。一般的な社長室のように、閉ざされた個室にいると、社員の顔は見えにくいし、社員も私に話しかけにくいでしょう。出かけているのか、いないのかも分かりにくい。お互いに思い立ったときに、すぐにでも話しかけられるような環境にしています。

さらに「会社にいない社長」と呼ばれる私のスケジュールは、パソコン上ですべて管理されています。社内の人間は、いつでも誰でも、私が何をしているのかを確認できるようにしていますし、1カ月に一度発行される社内報にも「山下社長動静」というコラムを設け、いつ・どこで・誰に・何のために会っていたのか、私の行動が分かるようになっています。

自分が一人ではないと思えたとき、私は以前より自信をもって社長として動けるようになりました。頑張ってくれている社員がいる。支えてくれる仲間がいる。そう思うだけでより強い気持ちをもつことができたのです。

人生においてあたりまえなことの一つかもしれませんが、ついぞ忘れがちな、そんなことを未来へのバトンに託して。

＊

トントントントン、カン、トントン。

「お父さん、窓辺に花を置く棚をつくってくださいな」

妻に言われて日曜大工にいそしむ、休日。

棚を置くスペースの寸法を厳密に測り、簡単な設計図を作成。それに合わせて、ちょうど良い厚さの板を何枚か調達し（さすがにもう拾ってはこない）、寸法に合わせて電気のこぎりでカットし、やすりをかける（大工用品はだいたい揃っている）。「棚の角はぶつかったら危ないから丸みをもたせたほうがいいいかな」「花が落ちないように柵をつけたほうがいいだろうか」……。

そんなことを考えながらひとつひとつ組み上げて、棚に仕立てていく。ああ、やっぱり楽しいな。

太陽の光が差し込む窓辺に、今日も花が咲いている。

おわりに

この本を制作している最中に、嬉しいニュースが舞い込んできました。

メジャーリーガーとして活躍する大谷翔平（おおたにしょうへい）選手が、とある医療機器メーカーのインタビューにおいて

「岩手県の名物を教えてください」

という質問に対して、次のように答えてくれました。

「一番のオススメは岩泉ヨーグルトです。本当に美味しくて、僕は世界一だと思っています」

岩手県奥州市の出身であり、花巻東高校の野球部のエースだったことはもちろ

ん知っていましたが、彼とは面識も何もありませんから、岩泉ヨーグルトを気に入ってくれていたとはつゆも知りませんでした。

世界で活躍する世界一の選手に、〝世界一〟と言っていただけたことは本当に嬉しく、はげみになります。

また2023（令和5）年の5月に行われた先進7カ国首脳会議（G7広島サミット）に、「龍泉洞の炭酸水」が選ばれたこともビッグニュースでした。

発見したのは社員の一人。各国の要人が集まるこの会議に何が提供されるかはあらかじめ明かされることはありませんでしたが、サミット終了の数日後に、「G7広島サミットにおいて提供された軽食・飲料一覧」というリストが発表され、〈赤ワイン〉〈白ワイン〉〈日本酒〉などと並んで、〈スパークリングウォーター〉という項目がありました。そこに、

製造企業・生産者名：岩泉ホールディングス（岩手県）

商品名：龍泉洞の炭酸水

という表記があったのです。セレクトしたのは日本ソムリエ協会の会長を務める田崎真也（たさきしんや）さんとのこと。いずれにしても各国の首脳のみなさまの喉を「龍泉洞

の炭酸水」が潤わせたかもしれないと思うだけで、ワクワクします。

さらに同年8月。テレビ東京の人気ドキュメンタリー番組『日経スペシャル カンブリア宮殿 ～村上龍（むらかみりゅう）の経済トークライブ～』に出演。〝倒産の危機を乗り越えた第三セクター 復活の舞台裏！〟というテーマで取り上げていただきました。その言葉通り、いまにも潰れそうだった会社が、テレビで取り上げられるまでになるとは……感無量です。

アルミパウチ入りの岩泉ヨーグルトの発売から15周年という記念イヤーに、こうした幸運の数々に恵まれたことは、ある意味、奇跡です。

全国に、岩泉ヨーグルトの名が知れわたることは、もちろん嬉しいのですが、私たちが取り上げられている記事やテレビ番組を見て、多くの方々が喜んでくださることが、何より嬉しかった。

たくさんの電話やメールをいただきました。全国各地から多くのメッセージが届きました。そして岩泉の町を歩けば

「テレビに出てるのを見たわよ！」

「私たちも鼻が高い」

町民の方々にも、いくつもの温かい言葉をかけてもらいました。

これは、私だけに限ったことではありません。社員のみんなも同様。自分の働いている会社がテレビに出たことで
「家族が喜んでくれました」

「遠方に住んでいる友達が、久しぶりに連絡をくれた」

そう言ってはしゃいでいる姿を見たときは、ついつい顔がほころびました。


そして私事ではありますが、今これを書いている2023年の9月に母が永眠いたしました。

誰よりも私のことを心配し、心から応援してくれていた母は、岩泉ホールディングスの成功と発展をとても喜んでくれていた。友人に私のことを自慢気に話している嬉しそうな様子を目にしたとき、「少しは親孝行ができたのかな」と思うことができました。

改めて、私たちは本当にたくさんの方のおかげで、今、ここにいるのだと、心の奥底から感じることができます。

これまで、本当にありがとうございます。

そして、これからも。岩泉ホールディングスを、どうぞよろしくお願い申し上げます。

2023年12月　今日もまた、岩泉で。

あたりまえという奇跡
岩手・岩泉ヨーグルト物語

山下欽也
やましたきんや
1956年、岩手県岩泉町生まれ。1978年、岩泉高等学校を卒業後、JA岩泉町に入組。その後、第三セクターである岩泉乳業に2005年に入社し、工場長を経て、2009年、岩泉乳業代表取締役社長に就任。2016年、岩泉ホールディングス株式会社設立と同時に同社代表取締役社長に就任。座右の銘は「価格や量とは別次元で未来を創る」。

2023年12月25日　第1刷発行
2024年3月20日　第2刷発行

著者　山下欽也
発行所　岩泉ホールディングス株式会社
〒027-0502
岩手県下閉伊郡岩泉町乙茂字大向23-2
電話　0194-32-3008
制作・販売協力　株式会社センジュ出版
〒120-0034
東京都足立区千住3-16
電話　03-6337-3926
構成　葛山あかね
校正　槇一八
DTP　江尻智行
印刷　シナノ書籍印刷株式会社
製本　積信堂
編集　吉満明子（センジュ出版）